2017中國 特色小镇
与人居生态
优秀规划建筑设计
方案集

中国民族建筑研究会　主编

中国建材工业出版社

图书在版编目(CIP)数据

2017中国特色小镇与人居生态优秀规划建筑设计方案集 / 中国民族建筑研究会主编. —— 北京：中国建材工业出版社，2017.12

ISBN 978-7-5160-2092-0

Ⅰ. ①2… Ⅱ. ①中… Ⅲ. ①小城镇－城市规划－建筑设计－设计方案－汇编－中国 Ⅳ. ①TU984.2

中国版本图书馆CIP数据核字(2017)第273654号

内容提要

特色小镇的培育建设是我国未来经济发展的引擎之一，也是社会各界关注的热点之一。特色小镇的发展模式、规划设计、构思创新，具备较重要的交流与借鉴价值，能有效带动和引领区域经济的发展。中国民族建筑研究会通过面向社会公开征集、业内专家评审的方式编撰此书，对推动城镇乡村在规划建设领域的科学研发，以及新型城镇化过程中生态环境、传统文化的协调发展具有积极意义。

本书为规划建筑设计类优秀方案集，适合作为特色小镇、美丽乡村建设领域的设计参考读物。

2017中国特色小镇与人居生态优秀规划建筑设计方案集

中国民族建筑研究会　主编

出版发行：中国建材工业出版社
地　　址：北京市海淀区三里河路1号
邮　　编：100044
经　　销：全国各地新华书店
印　　刷：北京天恒嘉业印刷有限公司
开　　本：889mm×1194mm　1/16
印　　张：18
字　　数：500千字
版　　次：2017年12月第1版
印　　次：2017年12月第1次
定　　价：198.00元

本社网址：www.jccbs.com　　微信公众号：zgjcgycbs
本书如出现印装质量问题，由我社市场营销部负责调换。联系电话：(010) 88386906

编委会成员

总主编

肖厚忠　中国民族建筑研究会常务副会长、中景恒基投资集团董事长

主　编

邓　千　中国民族建筑研究会秘书长

副主编

杨东生　中国民族建筑研究会副秘书长

委　员

何京源　中国民族建筑研究会学术研究部主任

赵士琦　中国民族建筑研究会专家委员会委员

王铁志　中国民族建筑研究会专家委员会委员

韩高峰　中国民族建筑研究会专家

赵宇昕　中国民族建筑研究会人居环境与建筑文化专业委员会秘书长

高　威　中国民族建筑研究会专题活动部副主任

王　浩　中国民族建筑研究会特色小镇美丽乡村规划建筑设计方案征集

　　　　活动办公室

杨天举　泛华建设集团有限公司董事长、党委书记

刘卫兵　四川省大卫建筑设计有限公司董事长

商　宏　蔺科（上海）建筑设计顾问有限公司董事长

谢　江　北京清水爱派建筑设计股份有限公司董事长

罗远翔　广州市思哲设计院院长

陆　皓　大象建筑设计有限公司（GOA大象设计）总裁

蔡沪军　上海秉仁建筑师事务所总经理

高洪彦　上海中建申拓投资发展有限公司总经理

刘　彬　中元国际（海南）工程设计研究院有限公司总经理

李国新　北京中农富通城乡规划设计研究院副院长

王　朔　贵州省建筑设计研究院有限责任公司主任建筑师

参编单位

中景恒基投资集团

北京世鸿科城建筑规划设计有限公司

泛华建设集团有限公司

北京清华同衡规划设计研究院有限公司

四川省大卫建筑设计有限公司

上海龙湖置业发展有限公司

北京中农富通城乡规划设计研究院有限公司

艾奕康环境规划设计（上海）有限公司

贵州省建筑设计研究院有限责任公司

上海秉仁建筑师事务所（普通合伙）

上海中建申拓投资发展有限公司

昂塞迪赛（北京）建筑设计有限公司

佰韬建筑设计咨询（上海）有限公司

深圳市方佳建筑设计有限公司

包头市中标建筑装饰工程有限责任公司

北京墨臣工程咨询有限公司

北京清水爱派建筑设计股份有限公司

大象建筑设计有限公司（GOA 大象设计）

法国 AREP 设计集团

上海金恪建筑规划设计事务所有限公司

广州市思哲设计院有限公司

贵州天海规划设计有限公司

杭州潘天寿环境艺术设计有限公司

菏泽城建建筑设计研究院有限公司

深圳毕路德建筑顾问有限公司

黄石市城乡规划建筑设计院有限公司

北京东方创美旅游景观规划设计院

开朴艺洲设计机构

蔺科（上海）建筑设计顾问有限公司

佩西道斯规划建筑设计咨询（上海）有限公司

上海创霖建筑规划设计有限公司

上海中建建筑设计院有限公司西安分公司

深圳市诺亚环球景观规划有限公司

苏州工业园区远见旅游规划设计院集团有限公司

无锡乾晟景观设计有限公司

西安中建投资开发有限公司

夏恩尼曦（上海）建筑设计事务所有限公司

襄阳古镇文化旅游开发有限公司

深圳市易品集设计顾问有限公司

伊佐然建筑设计（福州）有限公司

张家口中雪众源山地旅游规划设计有限公司

中元国际（海南）工程设计研究院有限公司

重庆同元古镇建筑设计研究院有限公司

前　言

随着《国家新型城镇化规划（2014—2020 年）》的不断推进深化，特色小镇建设成为我国今后城镇化的重要内容。国家发改委颁发的[2017]102 号文件指出："建设特色小（城）镇是推进供给侧结构性改革的重要平台，是深入推进新型城镇化、辐射带动新农村建设的重要抓手"。自 2016 年住房城乡建设部、国家发展和改革委员会、财政部联合下发《关于开展特色小镇培育工作的通知》以来，国家已评审、公布了两批"全国特色小镇"，共计 403 个，并明确提出到 2020 年，在全国范围内培育 1000 个左右各具特色、富有活力的休闲旅游、商贸物流、现代制造、教育科技、传统文化、美丽宜居等特色小镇。

今年正值党的十九大胜利召开，党的十九大报告提出，中国特色社会主义进入新时代，我国社会主要矛盾已经转化为人民日益增长的美好生活需要和不平衡不充分的发展之间的矛盾。从现在到 2020 年，是全面建成小康社会决胜期，经济建设、政治建设、文化建设、社会建设、生态文明建设将统筹推进。发展的"不平衡不充分"主要体现在经济的产业结构、需求结构、增长动力以及区域和城乡的差异上。当前以特色小镇的培育发展，带动分散的广大城乡人群的城镇化聚集，是中国未来社会经济发展中最重要的带动模式和引擎结构。

随着全社会对特色小镇了解与关注的加深，特色小镇培育工作成为很多省（自治区）、市（县）区域经济加速发展、平衡发展的抓手。近年来，各地政府、投资机构、规划设计院等，在特色小镇的规划与建筑设计方面，开展了积极的探索，以产业为导向的特色小镇在全国各地陆续涌现。同时，以特色小镇保护与发展为主题的借鉴、交流、对接活动如雨后春笋，为地方政府发掘特质、科学规划、产业定位提供了有益的参照。

中国民族建筑研究会为响应党中央、国务院关于深化新型城镇化发展要求，推动规划建设领域的科学发展，在全面建成小康社会中实现生态环境、传统文化协调发展的目标，通过向全社会公开征集的方式，并经业内专家评审，择优入编并出版《2017 中国特色小镇与人居生态优秀规划建筑设计方案集》，以飨广大读者。

中国的城镇化已进入到以城市群为核心的城镇化阶段，特色小镇的建设，被赋予了传统产业转型、新型产业培育的重任。差异化的定位是未来发展的基础。《2017 中国特色小镇与人居生态优秀规划建筑设计方案集》入编项目，我们除要求符合国家标准、规范外，更多是从民族特色、巧心匠意、节能环保方面着眼，遴选优秀的方案奉献给读者。中国民族建筑在地域特色、营造法式、园林景观、节能与环境科学方面，有着独特的哲学思想和构造体系，是极有价值的文化财富。希望本方案集能从民居、园林、社区美学、城市群体、生态村镇、建筑风格等诸多角度，贡献出我国民族建筑领域的独特价值，使更多的特色小镇成为"产、城、人、文"四位一体的地方明珠。

《2017 中国特色小镇与人居生态优秀规划建筑设计方案集》得到了中国民族建筑研究会专家委员会、中国建筑设计研究院等机构专家的大力支持，在此一并感谢！

对北京中睿企联国际经济文化交流中心付出的辛勤工作表示谢意！

我们期待有更多的优秀方案，进入我们未来的视野。

中国民族建筑研究会

2017 年 10 月

目　录

中国川西林盘保护与更新项目（花溪村、徐家大院、锦江林盘）

申报单位：四川省大卫建筑设计有限公司
申报项目名称：中国川西林盘保护与更新项目（花溪村、徐家大院、锦江林盘）
主创团队：刘卫兵、卢晓川、黄向春、苏黎、牟能彬、蒋云龙、肖紫菱

〉》花溪村、徐家大院

1. 项目概况

（1）地理位置

该项目位于四川省都江堰市城区东部，地势西北高东南低，属山丘与平原过渡地带，平均海拔 1234m。

（2）气候条件

该项目地属四川盆地亚热带湿润气候，大气环境在国家一二级标准之内。

都江堰属于季风气候，具有春早、夏热、秋凉、冬暖的气候特点，四季分明，降雨适中，阳光充足，年平均气温 16℃，气候条件比较适宜。

（3）项目概述

经全面调查，成都市植被环境条件较好的林盘共 7749 个，居民 285001 户，居住人口 97.90 万人，总占地面积 15985.9hm²，总建筑面积 4062.34 万平方米。但随着社会工业化、信息化发展，城市化和农业产业化快速推进，以及农村新型社区集中居住模式的推广，加之"5.12"汶川地震灾害破坏，加速了传统林盘聚落数量的逐年锐减。以成都市郫县为例，在几年前，县域内共有大小林盘 11000 多个，而目前调查居住 10户以上的林盘不足 900 个，尚存传统乡土建筑的林盘，仅占 32%，且破败不堪。

1、2- 彩色平面图
3- 鸟瞰效果图
4- 效果图
5- 区域分析

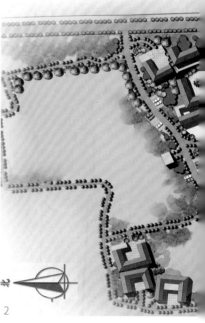

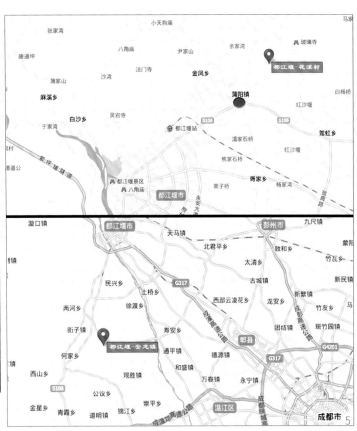

2. 生态环境

该项目在建筑布局上采用因地制宜、顺应地形地貌、靠山面水、错落有致的设计原则，巧妙地将建筑掩映在青山绿水竹丛间，使之与环境浑然天成。

绿色、低碳、可持续的理念体现：

（1）充分利用当地建材

用材因地制宜、就地取材，减少建材运输对环境的污染，降低成本，同时加强建筑材质与当地环境的协调性，建材以木、石灰、青砖、青瓦为主。墙有砖墙、土墙、石块（石板）墙、木墙（木板或原木）、编夹壁墙等；屋顶用小青瓦、草、谷草、山草、石板瓦、树皮瓦等；还有用青厂条子做梁和门杠的。这些就地取用的材料，既经济节约，又与环境十分协调，相映成趣，乡土气息格外浓郁，呈现出一种相互交融的质感美、自然美。

（2）充分利用林盘生态节能空气调节系统

通过对林盘原始风貌的逐个登记，保留原有林盘和乔木，保留村中原始溪流及其自然河岸。林盘聚落中"一"字形"L"形民居以竹林、树木为界面，在房前围合室外空间，形成院坝。这种以室外空间为中心的布置，形成良好的"穿堂风"，适应炎热潮湿的气候，减少空调机的使用。

（3）充分利用节能环保的清洁燃料系统和污水处理系统

设置生活污水净化沼气池，应用常温厌氧发酵技术，按照"多级自流，逐级降解"的原理，以抽水马桶、生态公厕取代露天粪坑、沼气池，让臭水不再横流。生活污水净化沼气池燃料系统取代柴、煤等煤烟型燃料，改善了生活环境条件，同时也解决了林盘脏、乱的问题。为自然生态的恢复保护和可持续的人居环境营造做出典范。

3. 关于"川西林盘聚落"

　　成都平原及丘陵地区农家院落和周边高大乔木、竹林、河流及外围耕地等自然环境有机融合，形成一个个形如田间绿岛的农村居住环境形态。这种历史形成的集生产、生活和景观于一体的复合型农村居住环境形态被称为"川西林盘聚落"。川西林盘发源于古蜀文明时期，成型于漫长的移民时期，延续至今已有几千年历史。它与传统农耕方式和居住生活需要相互协调，并扮演着维护成都平原生态环境的重要角色。中国道家崇尚"天人合一"的观念，强调人与自然的协调及和谐关系。川西院落式建筑和林、田、水共同营造的复合型人工湿地景观生态系统正是这一传统生态观念的直接体现。

4. 川西林盘聚落保护与更新

　　对川西林盘聚落原始风貌的保护与适应发展的更新是目前成都平原生态人居环境可持续发展亟待解决的重要课题。"5·12"汶川地震后首批川西民居聚落灾后原址重建示范村——都江堰市蒲阳镇花溪村、安龙镇徐家大院的原址重建，就是针对该课题极好的实践探索。都江堰—青城山被列入《世界遗产名录》，是中国道教发祥地之一。都江堰市蒲阳镇花溪村、安龙镇徐家大院的原址重建设计定位为新型低碳川西林盘聚落。通过深入山区调研，逐户广泛听取原住民的意见，大多数村民选择了原址重建，以人为本，充分注重当地人传统居住形态与生产方式，指导引入绿色低碳的理念，改善百姓生活条件，充分挖掘、运用当地依山傍水的地域特色和传统川西民居建筑的文化内涵。

6、9– 效果图
7、8– 现场照片

9

> 》锦江林盘

"竹林、清流、院坝……"是人们对川西林盘的传统记忆，那田野里于竹梢缝隙间飘出的袅袅炊烟，是古蜀先民们"天人合一、道法自然"的诗意栖居，更是"寒田渡鹭影，清辉洒林间"的写意生活。当下，传统的生活方式渐渐被现代化、快节奏的生活方式所取代。如何对传统的"林盘仙居文化"进行有机的继承和发扬？如何让传统的"林盘仙居"与现代化、高科技、快节奏生活方式有机融合，并在新的机遇和历史条件下，焕发出更蓬勃的生命力？"锦江林盘"正是在时代大背景下对此课题的探索和思考。

眉山市北临天府新区，是成（都）乐（山）黄金走廊的中段重点地区及"成都平原经济圈"的重要组成部分。彭山区位于眉山北部，是眉山市的北大门，处于成渝都市经济圈的辐射范围内。锦江乡地处彭山区东北端，距县城13km、距天府新区核心区25km，紧邻黄龙溪古镇。项目地处鹿溪河东面，三面背水环绕，周边有县道、乡道连接外部。

"锦江林盘"项目位于四川省眉山市彭山区锦江乡，毗邻中国（四川）天府新区自贸区、兴隆湖（天府新区新中心）、江口古镇（四川历史文化名镇）、彭祖山（中华养生文化第一山）、黄龙溪（国家AAAAA级景区），占地约6000亩，建筑密度约19.8%，容积率为0.42，总建筑面积约168万平方米。在顺应国家"一带一路"的发展战略及四川省"创新平台、创新人才、创新产业"三大支撑战略的基础上，将"林盘"这种绿色低碳可持续发展的传统模式脱胎换骨，注入高科技智能化的现代文明元素，创新定制出规模不一、功能不同的林盘，为国际高端人才创业、创新、工作、生活、娱乐提供了一方仙居福地。"高端人居林盘"、"高端商务林盘""高端酒店林盘"、"双创工场林盘"、"公司总部林盘"、"高端养老林盘"、"世界精品文化村"及"国际人才和产业平台——海创谷"等项目聚集其中。贯穿基地的"几"字形锦江水如素练般，将半岛中的"水中白莲"（创新孵化器）、"写意竹叶"（康养研究基地）、"散落珍珠"（各种林盘）在一片"玉盘"（白鹭稻田）之上串裹起来，让"锦江林盘"犹如西坝子上的传统清音幻化成颇有时代韵味的"民乐新曲"。

单 | 位 | 介 | 绍

单位名称： 四川省大卫建筑设计有限公司
通信地址： 四川省成都市天府大道天府二街 138 号蜀都中心 3 号楼 6 层
主页网址： http://www.scdavid.com.cn/

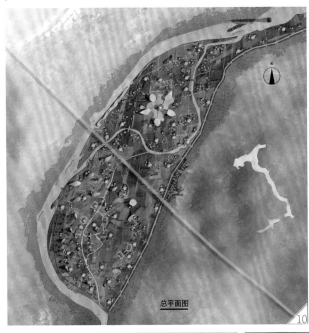

总平面图

10

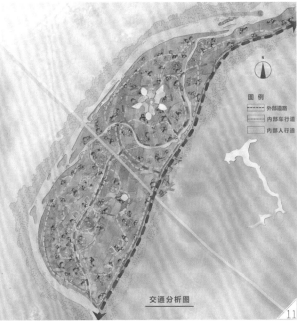

图例
—— 外部道路
---- 内部车行道
—— 内部人行道

交通分析图

11

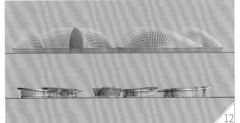

12

13

14

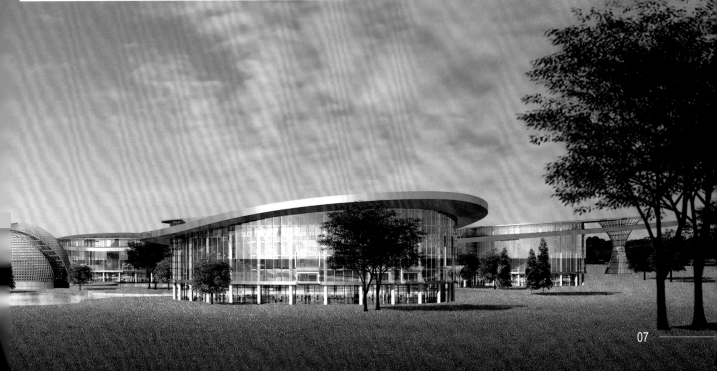

桃花源古镇

申报单位：重庆同元古镇建筑设计研究院有限公司
申报项目名称：桃花源古镇
主创团队：李陈、杨珅、杜娟、王靖、韦丽华、曹双双、秦瑶

　　桃花源古镇位于湖南省常德市桃源县，是一个集休闲、旅游、度假、居家为一体的大型旅游义化综合体，同时也作为 4A 级旅游风景区（意境桃花源）的接待基地，是旅游二次消费场所的目的地。

　　该项目以常德深厚的历史文化底蕴为依托，突出桃源县桃花源景区的鲜明特点，利用现代人群，特别是城市人群对世外桃源的追求和向往，着力打造国内具有代表性、唯一性的"桃花源"主题古街区，对强化和宣传湖南常德作为"桃花源"文化发祥地具有深远的意义。

　　"桃花源"所拥有的古典艺术及历史文化含义是其他建筑群落不能代替的。作为一个完整的设计体系，采用了诸多的经典古城镇营造手法，同时也总结出了一套设计理念，其核心即新建一个古城（镇）需要满足的五大要素——居住、商业、祭祀、行政、文化。居住的客栈，丰富的商业形式，祭祀如城隍庙，行政如衙门。桃花源镇的建筑特色是当地人文、建筑文化与江南水乡的明清风格三者融于一体，隽秀而温润。

　　居于古镇之中的人们通过街巷、院落、河道和园林这几种形式来满足生活需要，同时表达自身的情感和意义。根据具体的时间与空间特征，真实的景象被转化为概念化的艺术形式。因此在营造建筑外观的同时，也注重其内在的功能完善，充分满足吃、住、行、游、购、娱的旅游六大要素。不仅通过建筑形式本身，更通过人气氛围、市井文化、美食歌舞、互动体验等媒质让游客和居者都充分地感受"桃花源"之美。

　　古镇设计既要传承传统的意境和情调，又要抛弃其俗套和缺陷。继承传统建筑优点的同时，也运用现代建筑的工艺技术、功能认知和美学理念进行创新，让产品的功能充分满足现代人生活的习惯和需求。

　　工艺方面：用钢筋混凝土为主要建筑结构材料，代替古代大木作建筑结构；大量采用预制构件制作建筑装饰，代替手工艺加工小木作装饰。在完整保有古建筑外观的同时，大大简化生产工艺、缩短工期、减少木材使用、保护生态环境。

　　管理方面：运用建筑模型信息化管理，建设单位、设计单位、施工单位、监理单位等项目参与方通过数字化建筑信息模型协同工作，在提高生产效率、节约成本和缩短工期方面发挥重要作用。

　　该项目于 2012 年开始设计，耗时 2 年。2014 年施工全面推进，不分期建设，于 2017 年一气呵成，耗时 3 年。2017 年 8 月已成功试运营。

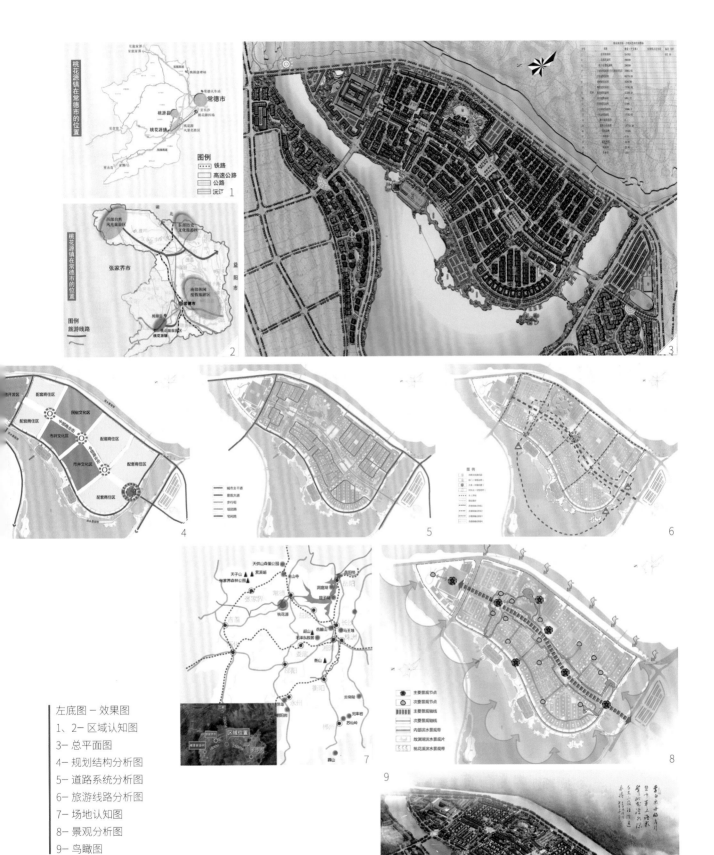

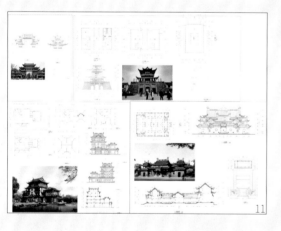

10、12— 水系节点图

11— 部分建筑平面、立面图

13— 船舫餐饮

14— 城隍庙

15— 合院入口大门实景图

16— 客栈内部图

17— 城门楼实景图

18— 售楼部实景图

19— 主大街实景图

同元集团
为城市打造历史记忆

TC YEAR
GROUP

单 | 位 | 介 | 绍

单位名称：重庆同元古镇建筑设计研究院有限公司
通信地址：重庆市南岸区滨江路长江国际 A 栋 30 层
主页网址：Http://www.tyjt.cc/

濮阳县引黄入冀补淀工程汤泉小镇规划设计

申报单位：北京中农富通城乡规划设计研究院有限公司
申报项目名称：濮阳县引黄入冀补淀工程汤泉小镇规划设计
主创团队：李国新、郑岩、王向明、曾永生、范春垒、王宣、张洁

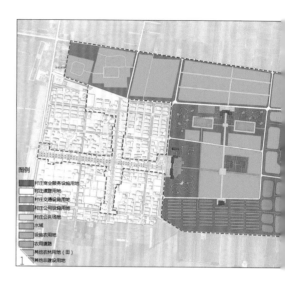

项目位于引黄入冀补淀工程示范带南段中部，涉及朗寨村东部、北部及朗寨村两条主要街道及沿街村庄用地，总用地面积约为 1400 亩，其中总体规划范围约 1630 亩，村庄改造面积约为 186 亩。

规划目标：立足濮阳本地市场，辐射京津冀及中原经济区，以引黄入冀示范带为依托，以温泉、民宿和生态休闲农业园区为特色，以特色餐饮为引擎，建成具有品牌影响力的主题旅游服务小镇，未来 2~5 年整体打造 3A 级旅游景区，作为区域发展动力，辐射带动周边村庄。

整个项目主要包括健康农园园区规划和村庄街道风貌整治两大板块，其中健康农园由特色水产观光区、市民休闲娱乐区、设施农业采摘区、生态渔业休闲体验区、莲塘观光主题区、生态农业体验区六大片区组成。

村庄建筑改造充分挖掘本地建筑细部元素，如屋顶屋脊的特殊造型，屋脊上部跑兽和两端翘角的特殊设计，以及院墙大门上部的起翘仿古瓦，选用农村乡土元素的建造材料。同时，根据村庄地形选用适宜的生态植物，结合道路建筑全方位打造街道景观绿化效果，做到"非硬及绿"。此外，利用原汁原味的乡土材料，打造具有特色的小品设施，休憩空间。从功能上，应满足居民的生产需要和游客的使用功能，营造体现农耕文化的庭院空间。

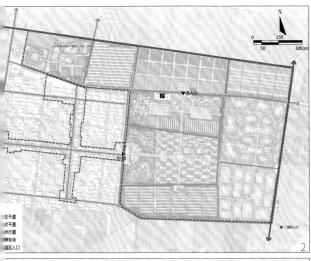

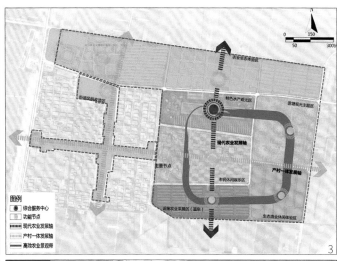

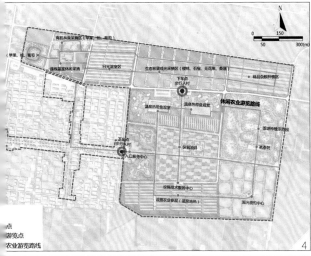

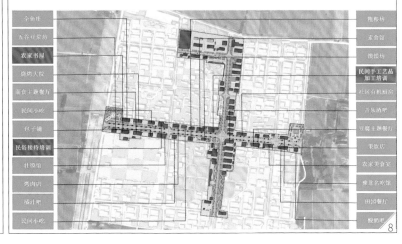

1- 用地规划图

2- 道路交通规划图

3- 功能结构规划图

4- 游憩系统规划图

5、8- 东西主路业态布局图

6- 鸟瞰图

7- 总平面布局图

9

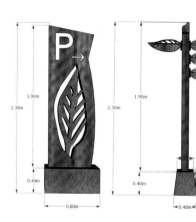

13

14

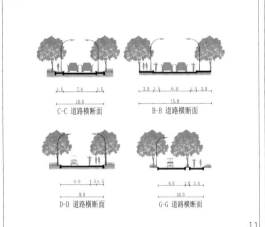

C-C 道路横断面　　B-B 道路横断面

D-D 道路横断面　　G-G 道路横断面

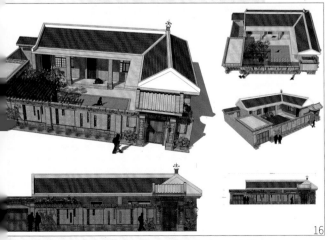

单│位│介│绍

单位名称： 北京中农富通城乡规划设计研究院有限公司

通信地址： 北京市海淀区学清路金码大厦 B 座 1510

主页网址： http://www.countryplan.cn/

龙坞茶镇规划设计

申报单位：大象建筑设计有限公司（GOA 大象设计）/ 杭州龙坞茶镇建设管理有限公司
申报项目名称：龙坞茶镇规划设计
主创团队：陆皓、陈健、雒建利、马宁、欧阳之曦、陈娴、李政

  龙坞是浙江省第一批省级特色小镇中以"茶"为主题的生态旅游休闲特色小镇，位于杭州城市西南方向。基地三面环山，自然条件优美，作为龙井茶的主产区，当地的茶村主题旅游已具有一定的基础。

  目前，龙坞面临着产业升级选择、旅游发展、镇区改造建设、原住民安置等一系列议题。因此，项目规划将整合加强旅游集散功能、促进茶产业的整体有序发展作为目标，形成产、旅、居、养复合型茶主题原生小镇。设计以龙坞茶镇为中心的一镇十村的区域联动发展，规划了一街双心五区的结构：以茶文化街串联新、老镇中心，连接周边五个片区，分别以田园体验、小镇居住、休闲养生、产业拓展、文旅办公为主题。

  龙坞茶镇的价值不仅仅在于镇区，同时存在于周边的山水、茶田和村落之间，为此将之视为一个自然基底下的"镇—村"系统。项目整体处于茶山环抱、茶田围绕的环境之间，茶村散落其中，由河流和道路串联形成整体结构。在梳理目前龙坞交通结构的基础上，我们置入了骑行和步行体系，以达到更好的观光体验感受，形成多核心多圈层的区域联动发展。

  规划中的茶镇是包含多种功能策划、多类型茶文化的空间载体，以支持旅游观光和企业团队等多样化人群的生产、生活及旅游消费，并使原住民、各年龄段的新住民、游客、创客等各种人群都能融入龙坞丰富的茶文化生活。

  基地以龙坞镇为空间活动极核，通过绕城公路和留泗路与外部城区形成便捷的联系，内部依托上城埭路为主要区域观光的田园魅力大道，同时以长埭路、上城埭路、龙新路为主干形成发展轴带，将游览观光、商贸交流、产业发展等活动引导至特色茶村，共同形成主题突出、结构清晰的镇村空间发展结构。秉承环保、高效的原则，小镇公交和观光游览车将成为主要的交通方式，满足居民和游客在镇村中往返的通勤需要。

  茶镇的入口是一片茶园，以自然的"茶田花海、香草花圃、田野骑行"为主题迎接来往人群，成为山水茶镇的门厅。紧接着的新镇中心是茶镇主要的旅游集散区域，以水为主题的滨水复合街区包含了游客接待、民俗客栈、茶文化大观园等。规划保留了现有的龙埭路作为产业发展的支撑道路，西侧连接以文旅为主题的智慧企业园区总部基地，东侧则将现有的工业厂房改造为健康产业园、创意中心等，同时包含行政中心、社区中心、交易交流和文化展示功能。

  两条道路之间的核心区域为主要的居住片区，安置现有的镇区居民，同时打造茶主题的特色商业街道，通过多层级的商业空间设置，形成纵横贯通的商业发展区域。在南侧相对清幽的环境中，规划了养生度假主题的茶园山庄，让龙坞成为一个以茶文化为主题的理想休闲度假胜地，同时也是改善本地居民生活品质的活力小镇。

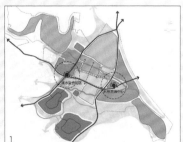

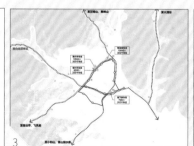
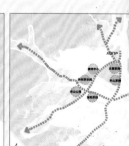

1— 组团结构图

2— 功能分区图

3— 交通组织——车行系统图

4— 一期景观策略示意图

5— 区位条件图

6— 道路系统图

7— 鸟瞰效果图

8— 产业支撑示意图

9— 规划平面图

10— 茶园实景俯视图

11— 场地实景鸟瞰图

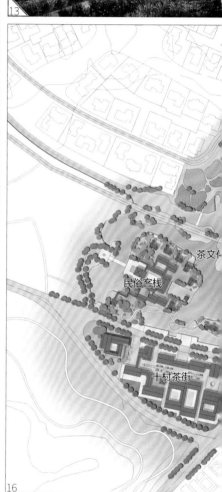

12- 十村茶街——入口广场效果图
13- 茶主题乐园效果图
14- 茶文化大观园花房效果图
15- 民宿客栈效果图
16- 滨水复合街区平面图
17- 茶文化大观园整体效果图
18- 茶文化大观园湿地栈桥效果图
19- 创意街巷效果图
20- 十村茶街——水街效果图

服务中心

GOA 大象设计

单｜位｜介｜绍

单位名称：大象建筑设计有限公司
通信地址：浙江省杭州市西湖区古墩路 389 号
主页网址：www.goa.com.cn

曾家山中国农业公园概念规划设计

申报单位：蔺科（上海）建筑设计顾问有限公司
申报项目名称：曾家山中国农业公园概念规划设计
主创团队：商宏、朱晨、尹臻、肖烈

1. 项目规划理解

总体规划范围：包括曾家镇、平溪乡、李家乡、两河口乡、汪家乡、麻柳乡、临溪乡、小安乡、中子镇，约 586km²。

核心区规划设计提升范围：以平溪乡、曾家镇、李家乡为主，占地约 200km²。

总体布局图："一廊二极三环七区 N 点"。

乡村旅游布局：形成"1334"的规划格局，一带、三轴、三片、四个优先。

2. 总体布局

总体规划结构："一主线一环线，一心两翼多组团"。

一主线：南北导入口中轴线，以道路为基础，沿线布局城镇和产业节点、片区，是曾家山中国农业公园发展的主要廊道。

一环线：曾家山农业旅游产业环，串联重要的城乡服务节点和特色资源区域。

一心：曾家镇农旅示范核心区，主要为区域提供公共服务、旅游集散、地质观光、养生度假等功能。

两翼：包括平溪乡"农业休闲产业综合服务翼"和李家乡"农业休闲产业发展翼"

多组团：建设 6 个场镇特色鲜明的旅游服务组团。

（1）微田园

微田园，在民居规划出前庭后院，让老百姓在小庭院中种植时令瓜果菜蔬，既增添了农家情趣，又增加了农民收入，让他们切切实实得到了实惠。

"微田园"具有如下特征：

①方便居民生活；

②优化土地利用；

③提升乡村体验；

④一、三产业融合。

（2）特色庄园

庄园，指乡村的田园房舍，大面积的田庄。中国古代包括有住所、园林和农田的建筑组群。现代庄园已经打破原有的生产制度和生产关系，更多体现为文旅农融合发展综合体。

（3）特色小镇

特色小镇"非镇非区"，是按照创新、协调、绿色、开放、共享发展理念，聚焦经济、环保、健康、旅游、时尚、金融、等新兴产业，融合产业、文化、旅游、社区功能的创新创业发展平台。

"特色小镇"的特色：

①产业定位不能"大而全"，力求"特而强"；

②功能叠加不能"散而弱"，力求"聚而合"；

③建设形态不能"大而广"，力求"精而美"；

④制度供给不能"老而僵"，力求"活而新"。

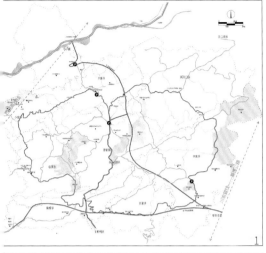

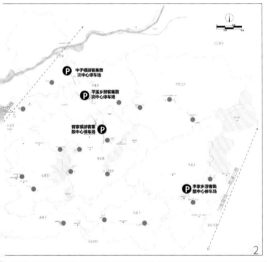

3.总体规划

（1）农旅产业融合发展规划

一核、产业环廊、八片区。

（2）交通系统规划：

①"三主线一环线"：

"三主线"：汪李快速路、中李快速路、曾家镇——利州区主要道路；

"一环线"：依托内部环线设计旅游交通环。

"消防疏散"：应结合规划道路环网系统，建设可预见及不可预见性事件，设置应急疏散通道。

②机动车停车场：

区级停车场：大型停车场综合考虑旅游大巴和私家车的停放需求，规划5个停车场，提供车位300～500个。

旅游服务点停车场：结合乡镇民酒店设置的停车场，单体规模多在3750～5000m² 之间，提供车位150～200个。

注：结合停车场设置充电桩和残疾人停车位。

③通用机场选址：

规划曾家山川北通用机场一处，建议位于曾家场镇或平溪场站附近。

④慢行系统规划：

结合环线设置主题骑行环线；

步行系统主要沿曾家地质公园核心区、四季养生运动核心区、布置。

1— 交通系统规划图
2— 机动车停车场规划图
3— 特色小镇鸟瞰图

7

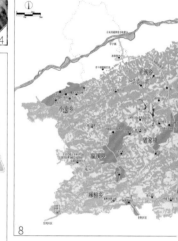

8

4- 特色小镇效果图

5- 农旅产业融合发展规划图

6- 总体布局结构图

7- 特色庄园分布图

8- 规划总平面图

9- 特色小镇分布图

10- 总体布局图（一廊二极三环七区N点）

11- 乡村旅游布局图（1334格局）

12- 慢行系统规划图

13- 通用机场选址规划图

14- 建筑空间序列图

5

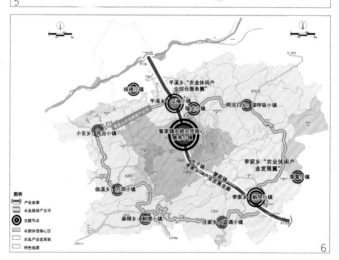

6

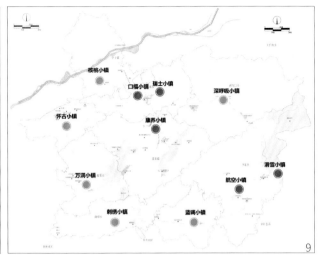

9

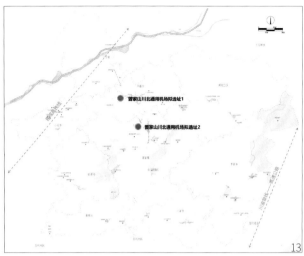

13

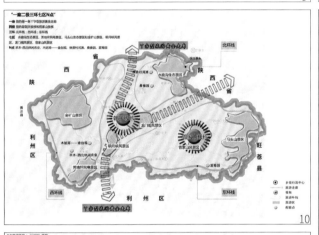

10

建筑空间序列

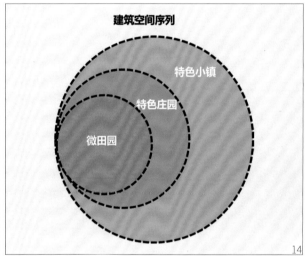

特色小镇

特色庄园

微田园

14

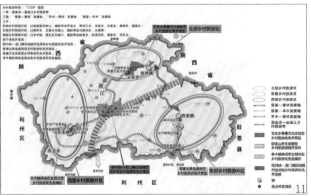

11

ЦІЧК
单│位│介│绍

单位名称：蔺科（上海）建筑设计顾问有限公司
通信地址：北京市朝阳区东三环中路 39 号建外 SOHO-
17 号楼 1002
主页网址：www.link-design.com.cn

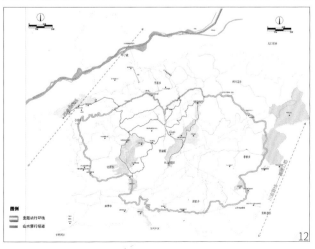

12

野鸭湖国家湿地公园保护与恢复工程

申报单位：泛华建设集团有限公司
申报项目名称：野鸭湖国家湿地公园保护与恢复工程
主创团队：王颖恺、徐永军、崔少征、王晓春、杨大巍、何海军、赵文玥

　　野鸭湖湿地自然保护区经过 50 多年发展，形成了动植物资源丰富、生物多样性和稳定性较高的湿地生态系统，成为北京地区甚至华北地区重要的鸟类栖息地之一，是北京最大的湿地自然保护区，同时也是北京首个湿地鸟类自然保护区。野鸭湖国家湿地公园总面积 283.4hm²，位于野鸭湖湿地自然保护区的实验区范围内。湿地公园由国家林业局 2006 年 12 月试点立项，2012 年 10 月正式批准建设。

　　该项目设计范围包括合理利用区（局部）与宣教展示区，建设面积共 78hm²，其中，合理利用区建设面积 39.8hm²，宣教展示区建设面积 38.2hm²。合理利用区涵盖涉禽游禽栖息区、攀禽栖息区、百草园区域；宣教展示区涵盖湿地植物展示区、湿地净化展示区、农事活动体验区。

　　游禽栖息区位于合理利用区西部，包括滩涂区域、岛屿及周边水域，在原生湿地的基础上设计加入了水岛和水泡，为游禽、涉禽提供了良好的栖息地及觅食环境。与此同时，水鸟栖息区为游人展现了集沼凝翠、水墨烟波等景色优美、浩渺的湿地景观。

　　攀禽栖息区位于合理利用区东部，在原有植物的基础上进行乔灌木补植，推进自然林地恢复。乔木以有色树种、食源树种为主，为鸣禽、攀禽营造舒适的栖息地，同时营造色彩斑斓的梦幻世界。水岸线以自然形式为主，自然融入湿地环境。

　　百草园在保护现有良好生态环境的前提下，对植被进行补植，大面积补植草花地被，局部进行微地形设计，营造彩蝶缤纷、野花烂漫的大地景观。

　　环湖路区位于合理利用区南部，是合理利用区游人密度最高的区域。区域内设计有曲水花溪，柳堤等优美的自然景观，通过曲折蜿蜒的木栈道连接，使游客既可瞭望远处的水漫烟波，又可感受近处丰富多姿的湿地水生植物景观。

1- 鸟瞰图
2- 总平面图
3- 功能分区图
4- 区域认知图
5- 陆地游线组织图

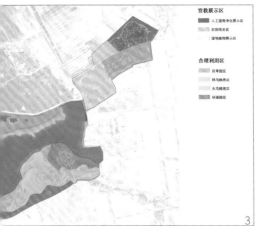

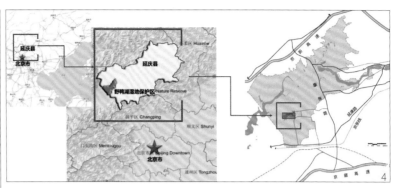

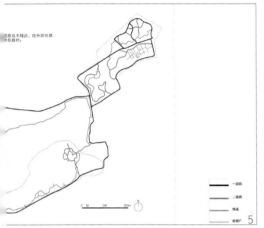

湿地净化展示区位于宣教展示区的东北部，内部设计有复合垂直流湿地、植物氧化塘、生态氧化塘、表面叠流四个功能区域，共同构建了完整的人工湿地系统。水依次通过各个区域，通过沉淀、吸附、过滤、溶解、离子交换等过程，实现污水净化。在人工湿地中，植物配置以净化功能性强的水生植物为主，组团群落模式构建湿地植物系统。

湿地植物展示区利用现有野鸭湖水资源，结合现状地形，建设出一个丰富的、系统性强的湿地植物园，一个蜿蜒有趣的芦苇迷宫，一系列可观赏湖面美景的景观平台。在湿地植物展示区，游人可以进行多种多样的湿地活动体验，同时园区内遍布趣味科普牌，用生动简洁的语言标明植物名称、特性等，使游客在观赏植物的同时学在其中、乐在其中。

农事活动体验区位于宣教展示区的东南部，结合现状的特色田埂肌理和苜蓿景观，补植可观花、可观果、供游人进行采摘的植被与果树，在为宣教区提供大地景观的同时，使游人与自然进行更亲密的互动。农事活动体验区亦是湿地栖息鸟类、鱼类的觅食基地，吸引其停留。

野鸭湖湿地公园将成为具有生态性、景观性、科普性，集生态旅游、绿色出行，休闲娱乐，科普教育于一体的可持续城市湿地公园。构建生态良好、风景优美、特色突出的野鸭湖美景，使醉美野鸭湖"留住鸟，留住人"。

工艺方面：在注重景观效果的基础之上塑造不同鸟类的栖息地。沼泽水域生态栖息地以尺度较大的水面为主，辅以层次变化丰富的植被体系，为鸭科、䴙䴘科、鹭科、秧鸡科、莺科、翠鸟科、鹗科等鸟类提供了合适的生活环境。

荒滩草地生态栖息地植被低矮且覆盖度略低，水域面积不大，地势平坦，主要吸引天性警觉的鹤科和鸻鹬类鸟类，同时该处的昆虫和其他小动物能够吸引猛禽的到来。

村庄农田生态栖息地人工性最强，其中的果树和粮食是许多小型鸟类最喜爱的食物，鸠鸽科、鸦科、鸫科、燕雀科、文鸟科等都适宜在此处生存。

林地栖息地以乔灌木为主，环境隐蔽，是许多小型鸣禽和攀禽最适宜的生活区域，山雀科、鸦科、啄木鸟科都能在此找到合适的食物，一些小型猛禽如鸱鸮科也喜欢在此筑巢繁殖。

该项目于 2015 年开始设计，耗时 2 年。2017 年 5 月施工全面推进，不分期建设，于 2017 年 10 月竣工。

左顶图 - 鸟瞰图
6 ~ 10 · 效果图

单｜位｜介｜绍

单位名称： 泛华生态旅游规划设计院
通信地址： 北京市西城区西什库大街 31 号院 17 栋 4 层
主页网址： http://www.fanhua.net.cn/

北滘镇林头社区周边环境改造工程

申报单位：广州市思哲设计院有限公司
申报项目名称：北滘镇林头社区周边环境改造工程
主创团队：罗远翔、招志雄、罗泽权、梁灿斌、冯海宇

1. 项目区位

　　顺德一直是个河汊纵横的水乡，顺德人习惯称极小的河为涌或溪，称江为海，称弯曲的小河为滘。而处于珠江流域冲积层的北滘就因为星罗棋布的小河，纵横交错、密如蛛网的水路而得古名"百滘"，意为"百河交错，水网密集"，而后改为"北滘"。

　　林头位于北滘镇中部，东临潭洲水道，北望北滘新城，东接北滘旧镇区，南面临现代都市产业区。距离广州市20km，佛山市15km。林头位于北滘正东方，开村于唐。明景泰三年（1452年）顺德建县后，隶属于桂林堡，一直延续至清光绪三十四年（1908年）。如从现在的陈村方向过来，林头处于桂林堡八乡之首，故有"桂林首步"的说法，遂得名"林头"。林头是典型的岭南水乡地形，一条林头河环绕村而流，大大小小的直流河涌则延伸到村民家门口，让她展露出南国水乡特有的妩媚和风采。

2. 愿景：水墨林头——新岭南水乡生活

　　未来的林头将是一个拥有完善的生活设施和公共设施，传统和现代并存的传统乡村旅游型社区，既能充分体现传统岭南水乡特色，古建筑得到妥善的维护和活化利用，传统民俗文化能永续地保有和展示，又能利用本身优势吸引更多人才和资金，成为新城中保留传统生活模式，增加新城空间和产业多样性的混合型社区。

3. 规划发展　增强社区活力

　　经过充分的考察和研究，制定了不同类型的发展路线，分别应对不同时期林头社区各个区域的建设，借此希望能全面展现林头社区的人文民俗风情和水乡魅力，让游子还乡，更能通过节庆和活动增强居民归属感和荣耀感，从而增加社区凝聚力。

4. 居民共同参与建设：让爱回家

　　通过对林头社区一系列的整治，社区居民们看到改变后林头的模样，也带动了居民的积极性，通过自发筹款的形式，居民们修整了自己宗族的祠堂，令几近坍塌、中庭杂草丛生的古老祠堂重新焕发光彩。

　　希望通过以传统乡村旅游带动其他产业跟随发展，从而真正达到设想的目标。经过改造后，美丽的环境令居民们更热爱自己的社区，也逐渐有了经济活力。孕育生命之水，流淌着自然、灵动的气息；播撒于大地的文化墨迹，书写着历史的记忆。还原林头岭南水乡的真实面貌，打造有活力的社区生活，将林头社区作为一个有机整体来保存；尊重、呼应原有的地脉构成关系及聚落空间肌理；在新旧之间形成"和而不同"的相互关系；让日渐边缘化、零散化、空洞化的岭南水乡及文化再生。

　　该项目于 2013 年中开始设计，耗时 1 年。2014 年施工全面推进，不分期建设，于 2015 年年底竣工，耗时 3 年。

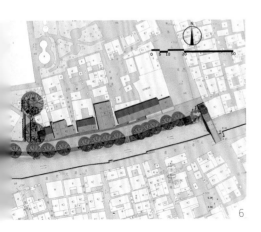

1— 鸟瞰实景图
2、3— 规划总平面图
4— 一河两岸改造效果图
5— 大通烟雨节点效果图
6— 景观改造平面图

7-12- 示范段新貌实景图

13- 梁家祠堂社区绿地新貌实景图

14、15- 示范段新貌实景图

单｜位｜介｜绍

单位名称： 广州市思哲设计院有限公司

通信地址： 广州市荔湾区逢源路 159 号、161 号

主页网址： Http://www.seerdesign.com.cn

四川省稻城县香格里拉镇及仁村城市风貌提升设计及建筑改造设计

申报单位：北京清华同衡规划设计研究院有限公司
申报项目名称：四川省稻城县香格里拉镇及仁村城市风貌提升设计及
建筑改造设计
主创团队：李仁伟、邢立宁、谭涛、曾庆超、魏瑶、叶青青、邓莹莹

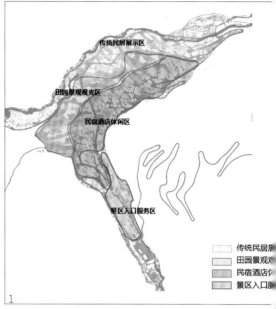

香格里拉镇位于四川省甘孜州稻城县南部 71km 处。镇区四面环山，赤土河与俄初河两河在此交汇，现状建成区面积约 77.59hm²，人口约 1900 人，是进入著名的稻城亚丁景区的主要入口门户。

随着亚丁机场的通航，香格里拉镇迎来了旅游的大发展，然而城镇建设急于求成的心理和开发的盲目性导致许多传统的"乡土基因"正在消失，群体建筑空间环境的维护和修复迫在眉睫。

该项目规划设计基于对香格里拉地域文化特色的深入理解、对城镇与景区发展的深入思考和对目前存在矛盾问题深层次原因探求的基础上，提出三大核心观点，即：

（1）建立景区、仁村、镇区三位一体、功能各有侧重的观点。景区作为核心旅游观光目的地强调唯一性，镇区强调功能的综合性，而仁村作为入口门户强调，其原生态生活、原生态景观的独特性。

（2）在规划设计之外，强调对文化的传承、特色的延续、产业的发展、环境的保护和社会的和谐等方面的关注，改变传统风貌提升重物质空间层面而忽视经济、人文、社会等因素的不足。

（3）为了使规划设计落到实处，确立了分区、分类、具体方案 + 设计导则的管理实施策略，保证规划设计能够切实指导风貌提升工作。

在此核心观点的指导下，该项目规划设计首先从城镇宏观层面对香格里拉镇区及仁村的整体风貌分区、功能布局、业态引导、开敞空间系统、道路交通系统、绿化景观系统、夜景照明系统等进行梳理和优化，并针对重要的城镇界面、空间节点、重要的街巷、院落进行详细设计。

对于具体的建筑风貌改造设计，规划在深入研究康巴藏区聚落特色和建筑特色的基础上，根据实地调研，对现有建筑的建筑质量、权属、性质、层数等进行档案建立和风貌评估工作，根据评估将现状建筑按照建筑风貌优劣进行分类，确定需重点改造类建筑 30 栋、一般整治类 83 栋、保留提升类 152 栋。

对于重点改造的 30 栋建筑，该项目设计全部达到建筑方案设计深度。对于一般整治类和保留提升类，设计分别从屋顶、外墙、门、窗、立面附属物、广告牌匾、室外楼梯、城市家具等几个方面，提出了具体的改造设计导则，并根据实施的难易程度和重要程度，提出了近期改造重要节点和界面、远期改造全覆盖的分期实施计划。

目前，风貌提升和建筑改造工作正在按照规划设计方案有序推进，相信在不远的将来，亚丁圣境下的香格里拉镇一定会令人耳目一新，成为少数民族地区小城镇风貌改造的典范。

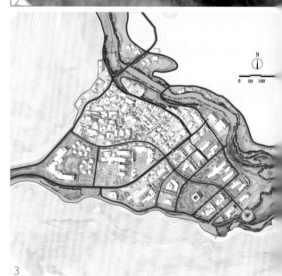

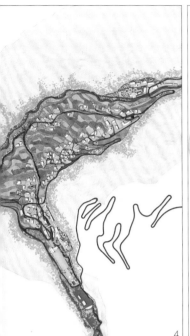

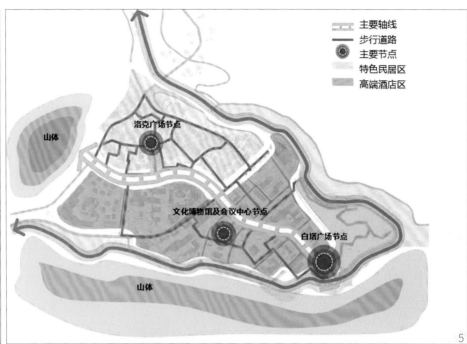

主要轴线
步行道路
主要节点
特色民居区
高端酒店区

山体

洛克广场节点

文化博物馆及会议中心节点

白塔广场节点

山体

〉》项目基本信息

项目地点：四川省甘孜州稻城县
占地面积：163hm²

1— 仁村功能分区图
2— 镇区总体鸟瞰图
3— 镇区规划总平面图
4— 仁村规划总平面图
5— 镇区功能分区图
6— 镇区洛克广场鸟瞰图
7— 演艺中心改造效果对比图

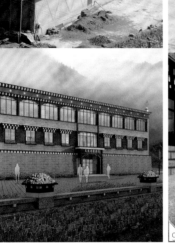

8– 扎西德勒酒店改造效果对比图

9– 镇区步行道改造效果对比图

10– 镇区某建筑改造效果对比图

11– 仁村院落改造效果对比图

12– 镇区某建筑改造及实施效果对比图

13– S216 道路仁村段改造效果对比图

14– 仁村总体鸟瞰图

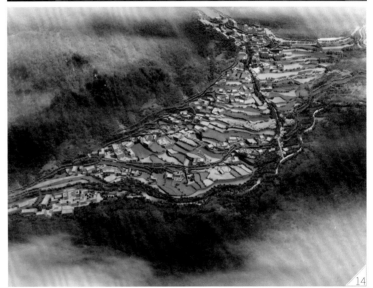

清华同衡
T-H-U-P-D-i

单 | 位 | 介 | 绍

单位名称：北京清华同衡规划设计研究院有限公司
通信地址：北京市海淀区清河中街清河嘉园东区甲 1 号楼 16—23 层
主页网址：http://www.thupdi.com/contact

中环国际广场

申报单位：中元国际（海南）工程设计研究院有限公司
申报项目名称：中环国际广场
主创团队：张新平、李红、张渊、陈昆元、杨进

本项目定位为超高层办公酒店综合楼，地上 39 层，地下 3 层，总用地面积：11216.13 ㎡，总建筑面积 95363.72 ㎡，总建筑高度 153.40m，容积率：6.13，绿化率：40.14%。

建筑地下共三层，主要为地下车库、后勤辅助用房及设备用房。地上共 39 层，1 层为酒店门厅、酒店服务、办公门厅、商业用房、消防监控室（兼办公安防机房）等；2 层、3 层为办公用房等；4 层为酒店厨房、宴会厅、多功能厅、商务中心、SPA 等；5 层为酒店全日制餐厅、厨房、室外游泳池、屋顶花园等；6 层至 12 及 14 层至 22 层为办公等；13 层为避难层等；23 层为避难层及设备转换层等；24 层至 36 层为酒店客房等；37 层为酒店客房、餐厅等，38 层为酒店办公、中餐厅等；39 层为酒店大堂、大堂酒吧、中餐厅、厨房等；标高 152.70m 以上部分为电梯机房、消防水箱等。

考虑这一带建筑的整体关系，结合景观视角分析，将主楼位置靠后，留出前端花园广场，缓和与滨海大道的紧促感，与城市空间关系更协调。

适应新的发展需求，从功能配套服务等方面体现整体优势，提升建筑的品质与内涵。绿地、环境、道路的设计，既节约土地，又提高了绿化率。

主楼平面布局采用"🖤"型平面形式，结合现有基础范围，主体靠南，北侧退红线 25m 为绿化控制带，在北侧布置裙房，北侧入口设水景广场。这种布局简洁紧凑，入口广场开敞舒适，形成丰富生动的临街立面，面海面布置办公、客房等。同时将核心筒后移，放置在南端。

此布局方式带来两个好处：

（1）达到 270° 海景视线，将面海面最大化、最优化，充分享受海口湾、万绿园、世纪大桥的美景。

（2）核心筒后移将原本封闭的电梯厅变得开敞明亮，可自然采光通风，并减轻主楼对滨海大道的压迫。

酒店大堂设于 43 层，此做法使大堂视线最大化、最优化，是海南迄今为止最高的酒店大堂。

1

绿化面积计算图

2

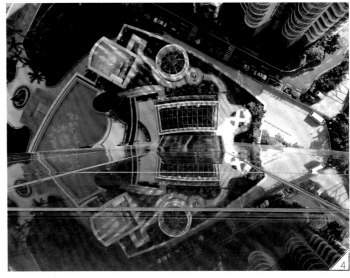

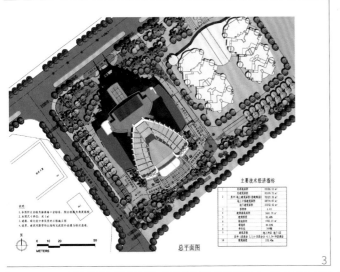

1— 人视效果图
2— 绿化面积分析图
3— 规划总平面图
4— 俯瞰实景图
5、6— 主要建筑平面图

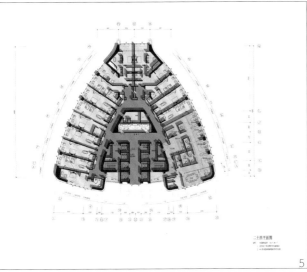

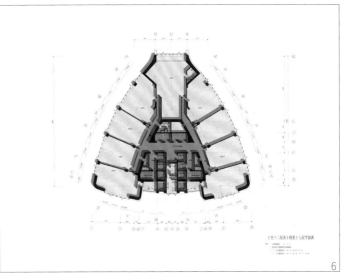

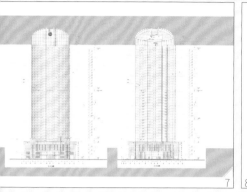

7

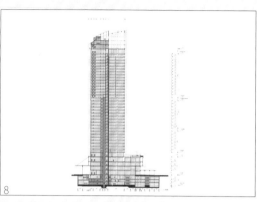

8

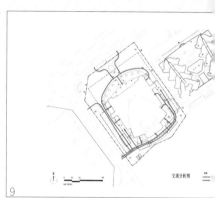

交通分析图

9

10

酒店实景图

办公实景图

首层大堂实景图

竖向功能示意图

11

单 | 位 | 介 | 绍

单位名称：中元国际（海南）工程设计研究院有限公司
通信地址：海南省海口市滨海大道 77 号中环国际广场 9 楼
主页网址：www.hipp.net.cn

西安昌建泾渭滨河国际城

申报单位： 北京清水爱派建筑设计股份有限公司
申报项目名称： 西安昌建泾渭滨河国际城
主创团队： 谢江、桂东海、戴天姣

1. 项目定位

首席养生度假休闲滨水风情住区。

依托渭河滨水风光带、浐灞国家湿地公园、泾渭生态湿地、渭北帝陵观光带，以超越曲江，超越浐灞的气势，打造西安北部国际滨河生态居住、度假、休闲、养生、观光目的地。

2. 设计理念

从三维空间将多种业态有机组合，并在各部分之间建立一种相互支持、相互推动的关系，形成一个多功能、高效率的建筑群落。

建筑群落的各种功能安排互为补充，在一定范围内创造出一种充满活力与机会的、全方位、全时段的城市活力场所。

通过建筑群规模效应的塑造，形成一个高品质、高效益的新型城市综合体，从而带动区域发展，并使其成为高陵区的标志性建筑群。

建筑立面遵照回归建筑本质的原则，坚持建筑立面与结构的呼应，整个建筑外立面的设计将形成本项目的独特标志，打造"西安昌建滨河国际城"的个性化地产品牌。在概念统一的基础上，以细节诠释并延展自身的个性。

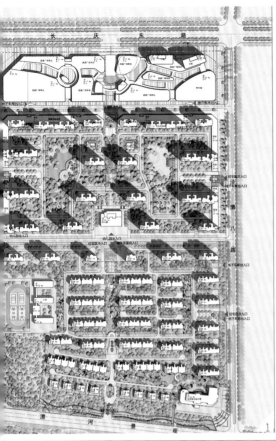

景观规划设计原则：（1）充分利用泾河、渭河、灞河的外部景观资源。（2）居住区景观以植物造型为主，物种丰富的绿色植被组合成各种丰富多彩的小品小景，结合中央景观轴和中心绿地设置环形慢跑道，串起水景区、老人活动区、儿童活动区等，在保证住宅私密性的同时，形成了步移景异的效果。（3）利用商业街区的空间，打造休闲、娱乐、购物等主题的步行商业环境。

3. 主要经济技术指标

总用地面积：320680.30m²

容积率：2.15

绿地率：30%

总建筑面积：856602.84m²

计容建筑面积：689482.84m²

　　其中，住宅面积：546918.51m²

　　　　　公共服务设施及配套商业面积：142564.33m²

　　　　　地下建筑面积：167120.00m²

最高建筑层数：33 层

最高建筑高度：98.4m

居住总户数：4660 户

机动车总停车位：6988 个

非机动车停车位：13470 个

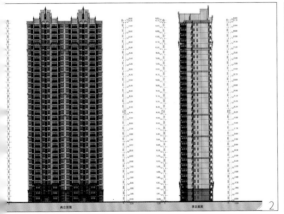

左顶图 - 鸟瞰效果图

1- 总平面图

2- 高层立面图

3- 效果图

4- 商业效果图

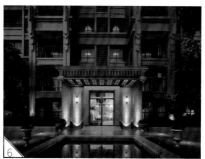
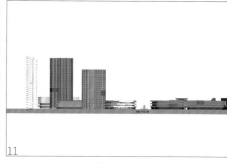

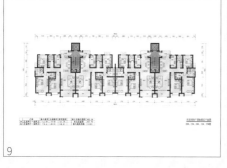

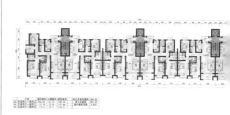

5、6、14、15— 效果图

7、8— 双拼平面图

9— 小高层户型平面图

10— 高层户型平面图

11— 广场北立面图

12— 剖面图

13— 洋房平面图

16— 双拼立面图

17— 沿河综合商业楼立面图

18— 洋房立面图

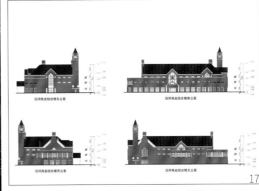

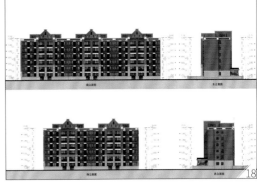

清水爱派®

单｜位｜介｜绍

单位名称：北京清水爱派建筑设计股份有限公司
通信地址：北京市海淀区清华大学学研大厦 A 座 407
主页网址：http://www.tsc.com.cn

玉华洞创 5A 级景区场馆

申报单位： 伊佐然建筑设计（福州）有限公司
申报项目名称： 玉华洞创 5A 级景区场馆
主创团队： 林松、黄川田、勇太、温志平、陈延鹏

将乐县目前存在年游客量较少的问题，根据 2015 年游客量统计，将乐仅为 24.4 万人次/年。远低于周边的泰宁 353 万人次/年、沙县 170 万人次/年。为吸引游客、留住游客过夜。玉华洞风景区特将游客集散中心迁移到本项目内吸引客流，还增加了宋元陶瓷馆及交易区、博物馆、非遗展示区、私人古玩收藏等形成具有当地文化特色的古镇，从而增加游客在此驻留，在形成二次消费的同时了解体验当地文化，最终让游客能在将乐县过夜，从而大幅度提升将乐县的游客量。

大宋古镇位于福建省三明市将乐县玉华洞景区西北侧，它是一个以将乐历史文化为主题的旅游商业复合体。同时也作为 5A 级旅游景区（玉华洞）的接待基地，是旅游二次消费场所的目的地。大宋古镇总体规划 360 亩，概念为：以水为脉；以街为轴；三区互动；四景辉映；五大板块。

该项目设计范围为大宋古镇水系以南 81 亩。以将乐深厚的历史文化底蕴为依托，突出玉华洞风景区的鲜明特点，利用已有宋式风格建筑，结合将乐文化特色进行系统改造设计，打造最具风情的大宋古镇，成为将乐的特色文化名片。

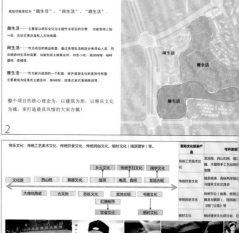

深度挖掘将乐当地文化，主要以将乐的三绝及文化特色展示为起点，将传统工艺美术文化、传统饮食文化、传统民俗文化、杨时文化（闽派理学）等进行融合演绎再造。功能有宋元陶瓷馆及交易区、博物馆、非遗展示区、私人古玩收藏、游客服务中心等。总体规划格局为"一水、一街、两区"。环境特色是当地人文文化、建筑文化、自然景观三者融于一体，隽秀而温润。

该区在作为休闲购物之所的同时，作为旅游景区和文化展示体验平台的功能也得到强化，商业、旅游、文化在该仿古街区内进行最大程度的融合。同时凭借玉华洞自然生态景观特质，形成自身独特的生态性。

从场地外侧逐渐往内部渗透，空间逐步由现代性往古朴空间过渡，达到返璞归真的意境。而游于古镇之中的人们通过街巷、院落、河道和园林这几种形式来体验传统建筑的空间意境。根据具体的时间与空间特征，真实的景象被转化为概念化的艺术形式。因此在营造建筑外观的同时，也注重其内在的功能完善，充分满足吃、住、行、游、购、娱等旅游六大要素。不仅通过建筑形式本身，更通过人气氛围、市井文化、美食歌舞、互动体验等媒质让游客和居者都充分地感受和呼吸"大宋古镇"之美。

古镇既要传承传统古镇的意境和情调，又要摒弃其俗套和缺陷。继承传统建筑优点的同时，也运用现代建筑的工艺技术、功能认知和美学理念进行创新，让产品的功能充分满足现代人生活的习惯和需求。

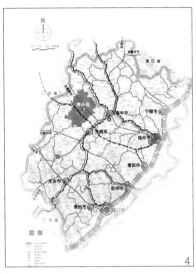

1– 鸟瞰图
2– 规划功能定位图
3– 文化体系构成图
4– 区域分析图
5– 区位分析图
6– 项目概况图
7– 周边环境分析图
8– 上位规划功能定位图

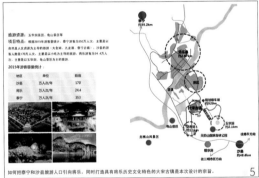

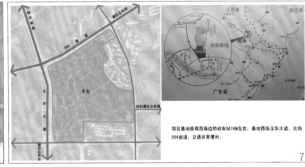

重要节点-主入口广场

该广场作为整个园区的主入口空间，同时也是将乐县文化馆的群众文化广场（开展露天群众文化活动或信息宣传活动、设置临时舞台或相应设备的条件），游客服务中心的游客集散广场。主要设计内容为标志性雕塑及广场铺装，结合"西山玉纸"的设计主题，延伸出书卷概念，对将乐文化进行总体介绍。

9

重要节点-闽学文化广场

本广场的设计主题为"龙池古砚"，结合相邻水系的景观环境优势，衍生"洗砚池"广场，结合周围建筑功能定位，营造幽静的环境氛围，同时作为通往玉华洞景区的必经之路的，结合玉华洞特的钟乳石意象，设计钟乳石假山，作为视线引导作用。

10

11

景观总体格局为"一水、一街、两区"。从场地外侧逐渐往内部渗透，空间逐步从现代景观往古朴空间过渡。以原设计水系为主要景观轴线，丰富沿线景观。结合将乐魂的景观意境进行设计，结合组织场地的排水，重点打造中心景观带。打通视线障碍，把人流引入园区内部，吸引游客量。

图例：

① 印象将乐广场   ⑩ 水月榭
② 将乐意象主题雕塑   ⑪ 水上戏台
③ 牌坊   ⑫ 主题地面浮雕
④ 溯源大道   ⑬ 休憩小品
⑤ 闽学文化广场   ⑭ 文化展示墙
⑥ 洗砚池   ⑮ 独乐园
⑦ 清风明月桥   ⑯ 归仁园
⑧ 小金溪   ⑰ 众乐园
⑨ 水月亭   ⑱ 洗砚台

12

13

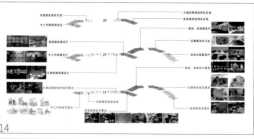

14

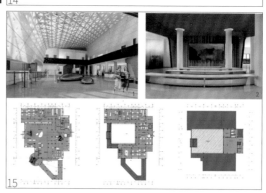

15

16

景观空间架构

作为研究休闲类项目打造的先锋机构，仿古文化街区作为休闲购物之所的同时，作为旅游景区和文化展示体验平台的功能将在未来得到极大的强化，商业、旅游、文化在传统行政体制上分工界限被打破，商业、旅游和文化将在仿古文化街区这个平台上获得最大程度的融合。同时向生态和文化的进一步延伸，也将使得仿古商业街更多地与各类景区和各类园区，甚至包括社区相绑定，从而附着更多层面的内容。

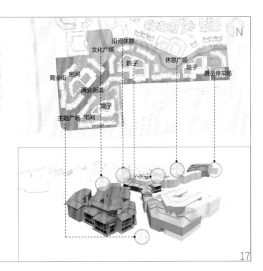

9– 主入口广场透视图
10– 闽学文化广场透视图
11– 闽学文化广场
12– 总平面图
13– 功能业态分析图
14– 非遗展示区功能分析图

15– 旅客服务中心室内设计图
16– 擂茶广场透视图
17– 景观空间架构图
18– 实景照片
19– 主入口透视图

单 | 位 | 介 | 绍

单位名称：伊佐然建筑设计（福州）有限公司
通信地址：福建省福州市鼓楼区杨桥中路中闽大厦 B 座 7 楼
主页网址：http://www.isolachina.com/

长白山鲁能胜地关东水巷规划建筑景观设计

申报单位：昂塞迪赛（北京）建筑设计有限公司
申报项目名称：长白山鲁能胜地关东水巷规划建筑景观设计
主创团队：刘亮、李亦军、方华、陈彩、马传胜

项目总用地 13.74hm²，整体地势较平坦，视野开阔，周围森林环绕。关东水巷是长白山鲁能胜地原乡区的核心，主要功能为客栈住宿、餐饮、零售、民俗文化展示等。

项目旨在以静态展示结合互动体验，打造长白山地区民俗文化体验胜地，以院落式布局的文化展示、小型演艺、特色休闲体验等内容，形成关东水巷的多维亮点，以点串街，打造具有鲜活和鲜明长白文化特征的商业街区。通过文化院落奠定区域内的文化氛围，也可以作为客栈的配套体验活动区域。

项目文化主题以守望三百年为故事线索，多元文化融合共生：守望三百年皇家文化、长白山养生文化、江湖文化、长白山民俗文化、朝鲜族民俗文化、满族民俗文化。同时，设计中充分尊重当地环境：利用现有的自然条件和地形特征，采用多样化的设计手法整合植被和坡地的联系，充分考虑人在环境中与自然的交流，与他人的交流。通过景观走廊、步行系统、休憩设施等，提供一种健康休闲的氛围，带给用地和整个区域完整的开放空间和景观体系。

客栈住宿院落的设计旨在打造走出巷子口是街肆闹市、关起门来自有一番清净世界的民宿文化体验之旅。

关东水巷景观设计原则是尊重自然、营造可持续发展的概念景观模式；以人为本，尊重人性，建设关东水巷人文景观模式。在两种模式的对比、和谐中形成人与人文、人与自然的对话。尊重原有地形与环境，从整个区域肌理出发，充分体现原乡文化的特点，小镇内部景观纵横交错，形成自然、灵活的景观系统。

项目内部建有一条环形水系，水系与南侧湿地相连。由水系形成自然景观轴线，通过绿化延伸至各个院落，而人文景观的立意在此得以体现。沿水修建亲水平台形成一条完整的步行景观系统，人们既可以在小镇中畅游，又可以与大自然亲密接触。在设计中把握了三个层次：通过大面积的中心广场、主要街道等对整体结构加以控制；通过景观节点如交流广场、小品、雕塑、桥梁、矮墙等设计来控制节奏，加以强调，形成识别标志；通过铺地、台阶、植被、水池等形成景观细节，从而创造一个丰富的人性化的自然景观体系。

项目建筑类型定义为综合旅游、休闲、度假等功能的休闲度假小镇，意在形成一个长白原乡文化体验的高地——关东水巷。结合原有村庄肌理，融合文化体验、特色住宿等内容，打造区域的活力中心，形成一个具有浓厚文化气息的互动场所，从而带动整个旅游度假区的发展。

关东水巷指标（不包括原乡客栈）				
项目	数量	单位	比例	备注
用地面积	13.74	hm²		206亩
总建筑面积	61858.2	m²		
其中	客栈住宿	40207.83	m²	65%	620间
	餐饮	9278.73	m²	15%	
	零售	6185.82	m²	10%	
	民俗工坊	4948.66	m²	8%	
	其他服务配套	1237.16	m²	2%	
容积率	0.44	—		

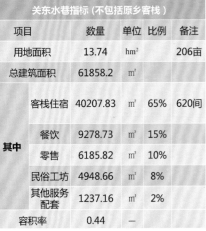

1— 总平面图
2— 效果图
3— 文化分区图
4— 景观效果图
5、6— 人视效果图

7- 景观效果图

8、9- 效果图

10- 龙兴客栈 29# 北立面图

11- 龙兴客栈 29# 西立面图

12- 龙兴客栈 33#—34# 南立面图

13- 龙兴客栈 33#—34# 东立面图

14- 龙兴客栈 29# 模型效果图

15、16- 龙兴客栈 33#—34# 模型效果图

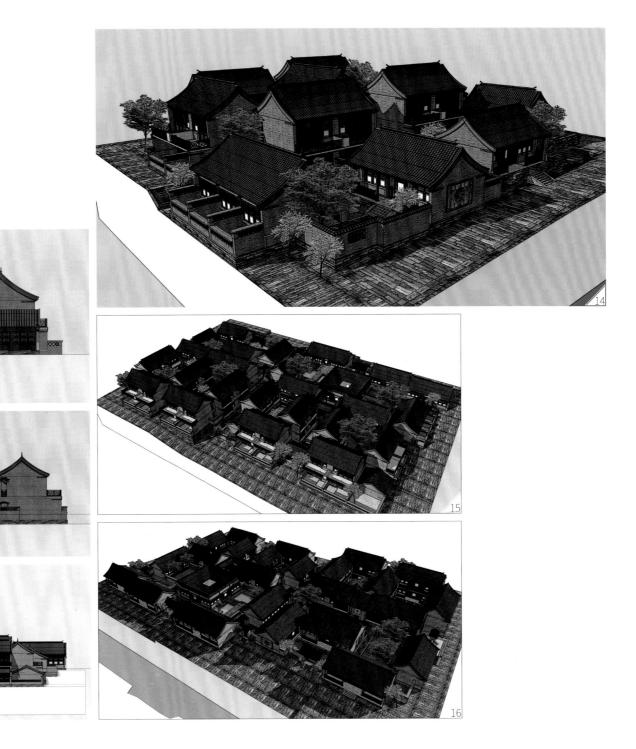

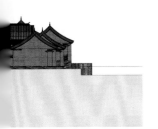

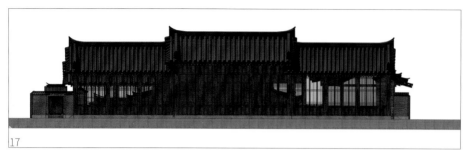

17

21

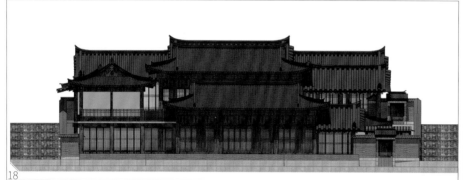

18

22

19

20

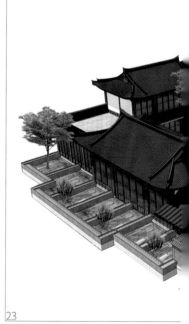

23

单|位|介|绍

单位名称： 昂塞迪赛（北京）建筑设计有限公司

通信地址： 北京市海淀区马甸东路 19 号金澳国际 B 座 217

主页网址： http://on-site.com.cn/

北京劝业场

申报单位：法国 AREP 设计集团
申报项目名称：北京劝业场
主创团队：Etienne Tricaud、姜兴兴、Luc NEOUZE、李黎、林海

"聆听劝业场的特点、历史、风格"，是对劝业场改造提出的新理念。

劝业场建筑始建于 1905 年，现存的建筑则建于 1923 年，是北京首幢大型综合商业楼，也是北京第一家带厢式电梯、游乐场的大楼，曾被誉为"京城商业第一楼"。

1995 年，劝业场旧址被列为北京市文物保护单位。2006 年，劝业场旧址作为大栅栏商业建筑的一部分，被列为第六批全国重点文物保护单位。

在 21 世纪初进行的前门大街及大栅栏的大规模改造中，劝业场作为地标性建筑再次展现在世人眼前。

劝业场的建筑特点在于南北轴线方向长 80m，其间 3 个中庭。从其组成来看，南北向更像是一条有屋顶的街道，基于这个特点，劝业场的内部设计更倾向于引导游客顺利地通过此建筑，所以，交通流线的设计将影响整个劝业场的内部设计。

回顾劝业场在过去 100 多年历史中的使用功能，其中的一些业态作为了本设计的参考。从对劝业场历史引导未来的研究中可以看出，新的功能应在原有基础上有所展现，例如：商场、文化和休闲空间。项目理念是设计出更合理、更灵活的空间以满足未来所需的新功能对建筑内部空间的要求。

劝业场所具有的民国建筑风格是中外建筑艺术的融合。从文物保护的角度出发，在设计过程中将一些抽象的现代建筑形式应用于室内设计的同时，仍然保持民国时期的形式风格。该建筑的立面和剖面表达了建筑水平构成及建筑形式，由此得出建筑内部空间功能。中西合璧的建筑空间和愉悦共享的人文空间在此共生。

经过改造后的劝业场，位于首层的南北通透的交通流线使其非常具有商用价值。中庭的观光电梯可以引导人流到达 2、3 层，进入一个文化艺术展示的空间。在顶层设置西式餐厅、茶室及多功能大厅，提供了休闲娱乐的场所。

该项目于 2012 年开始设计，历时 2 年。2014 年正式完工。

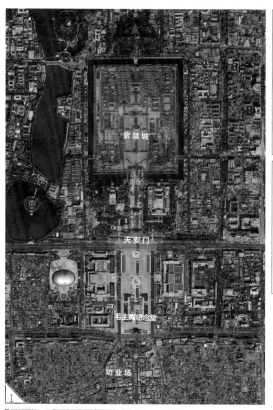

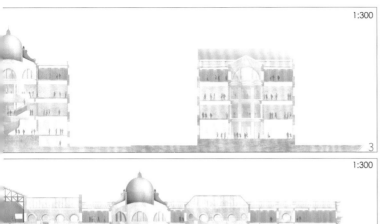

1:300

3

1:300

4

6

1- 区位图
2- 室内实景图
3- 八角中庭、南侧中庭剖面图
4- 南北向剖面图
5- 铁艺栏杆实景图
6- 青砖柱实景图
7- 全玻璃观光电梯实景图

7

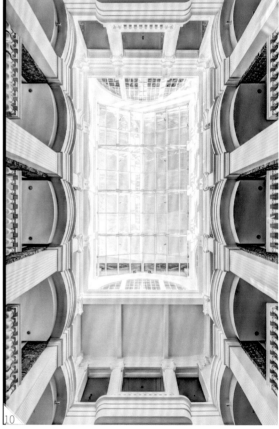

AREP 单｜位｜介｜绍

单位名称：法国 AREP 设计集团
单位地址：16，avenue d' Ivry 75647 Paris Cedex 13 France
（法国集团总部）
北京市西城区西海南沿 48 号 G 座（中国总部 - 北京）
上海市徐汇区沪闵路 8075 号中区 304 室 200233（上海分公司）
主页网址：WWW.AREPGROUP.COM

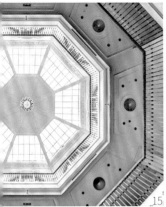

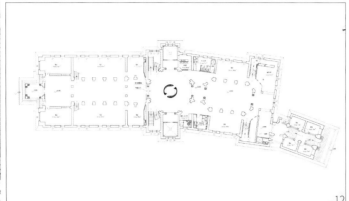

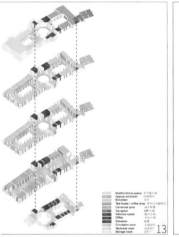

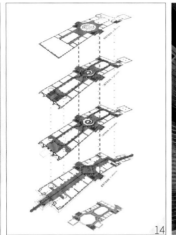

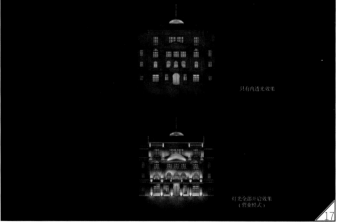

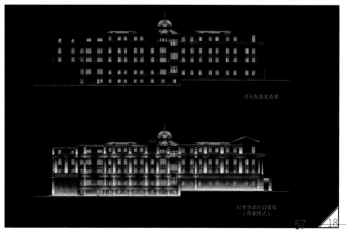

8、9、16- 实景图

10- 中庭仰视实景图

11- 八角中庭仰视实景图

12- 首层平面图

13- 功能分区图

14- 步行流线分析图

15- 四层室内实景图

17、18- 立面灯光图

上海龙湖闵行天街

申报单位：上海龙湖置业发展有限公司
申报项目名称：上海龙湖闵行天街（地块名称：颛桥镇 MHPO–
　　　　　　　1101 单元 03–05/04–02 地块）
主创团队：钱娟娟、张汀、周元、李旭鑫

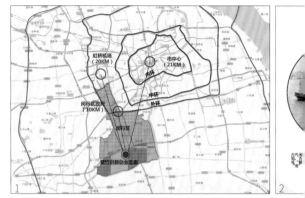

1. 项目概况

　　该项目位于闵行区颛桥镇 73 街坊 P1、P2 宗地，在上海南部
科技创新中心的中心位置，基地东至沪闵公路，南至剑川路，西至
用地红线，北至闵吴支线，地块东侧紧邻地铁 5 号线剑川路地铁站。
该项目占地 83587.6m²，总建筑面积共 343484.74m²，计容建筑面
积为 194385.45m²。周边多数居住社区已建成，周边汇聚上海交通
大学和华东师范大学两所"985"高校，东海学院、上海电机学院
两所专业技术学校，以及 20 余所国家战略研究院和地方研究机构。
闵行区蕴含着深厚的历史文化底蕴，有着优秀的码头文化、市集和
工业历史。

2. 规划设计

　　项目依托周边资源、地铁带来的大量人流，打造"一轴四组
团多节点"的空间结构。四个组团自东往西依次为：首先是商业组
团，规划为自持商业 MALL，打造为富有活力的城市客厅；其次
是商业办公组团，规划为高层办公和公交枢纽，与 MALL 串联起
来围合出开放商业广场，形成立体人行系统来打造空间层次丰富的
CITYWALK 组团；再次是办公组团，规划为低层办公组团，打造
商办混合的智慧社区；最后是公共配套组团，规划为高低配层商办
组团，结合西侧体育公园，打造活动休闲生活中心——LIVE 天地。

　　充分利用基地本身赋予的有利条件及景观要素，追求项目的
舒适度与品位，通过建筑与公园景观的完美融合，形成具有区域特
色的高品质商办综合体。因此提出以下设计理念：

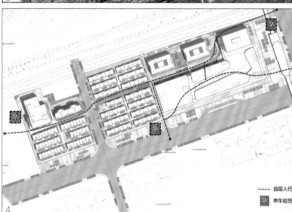

　　（1）注重对环境的保护和后期的景观营造：在布局时利用集
中绿化景观通廊和西侧规划公园绿地使景观资源渗透整个项目，而
在建筑高低组合上尽可能利用内外景观资源，达到景观价值最大化。

　　（2）强化合理的交通组织，强调其与景观的有机联系。尽量
减少机动车道在项目内的串行，以保证整个项目街区环境及景观的
完整性和舒适度。

3. 建筑设计

　　以创造注重高质量购物办公环境的高品区域商办综合体为宗
旨，使该地段达到功能组织合理、用地配置得当、结构清晰、道路
顺畅等要求，创造出以使用者为中心，尊重环境，舒适优美的商办

空间，同时具有鲜明的地方特色。

整个项目建筑打造出时尚、稳重大气、精致高贵的建筑气质。建筑风格为现代风格，力求营造出高品质的商业综合体。

购物中心建筑设计：天街位于闵行区南部，紫竹创新走廊的核心区，与地铁5号线无缝衔接，是一座社区型购物中心。设计根植于服务周边社区人群，从城市、社区、场地三种不同维度分析介入，通过对周边核心客户群体生活习惯与喜好的充分考虑，提供了丰富多样的空间和购物体验，来满足不同类型客群各个时段的多样化需求。

整体规划布局结合基地道路条件和周边环境，充分利用沿街展示面，打造了多角度多层次的区域视觉亮点。主次入口的布局与周边路网相协调，将周边不同交通方式到达的人流自然汇聚到商场内。下沉广场的设置将周边居民和公交过境人流便捷顺畅地引入地下一层社区集市，同时提供了一个舒适宜人的室外休闲空间。

建筑形体及立面设计以流水磐石为灵感和基本设计语汇，以穿过石间的流水勾勒出主要的建筑体块和虚实关系。立面风格极具现代感又与基地所处区域的水乡文脉相契合。从四面八方汇入建筑中的客流，仿若穿过石间的流水。同时随着时光流逝流水将石块打磨出的纹理也被创造性的运用在建筑幕墙设计当中，金属铝格栅的材质塑造了流畅动感的线条，将水纹的元素抽象性地呈现于建筑的外表皮上。

行云流水的设计概念贯穿室内外，从外立面渗透到室内设计的诸多细节当中。流线形的栏河侧裙、天花灯饰、地面铺装及家具软装无一不在传递着亲近自然的设计理念。室内设计在主次中庭形成了内部的视觉焦点，东侧中庭以木纹材质和绿植的设置奠定了主要的色彩基调，西侧中庭则侧重时尚动感氛围的打造，塑造了丰富多彩的城市客厅空间。顾客在商场内部东西两个中庭间流动，会途径多个如同镶嵌在河床上的卵石空间，灵活丰富的岛铺和休憩空间设计提供了灵活性的租赁同时带给顾客以亲切温馨的购物体验。大面积天窗的设计则最大限度地将自然光引入，塑造了自然明亮的室内空间感受。

1– 基地区位图
2– 基地历史图
3– 周边业态图
4– 人行流线分析图
5– 车行流线分析图
6– 项目鸟瞰图
7– 鸟瞰效果图
8– 主入口夜景效果图
9– 主入口日景效果图

各层平面功能布局充分考虑不断变化的消费趋势及租赁的多样化诉求，业态组合丰富多样。通过充分推敲商场内功能平面布局的合理性，从而保证了人流分布的均质性以及空间热度的均好性。设计采用"一"字形水平动线，清晰合理；垂直动线便捷高效，最大限度地将人流快速引入商场各个角落，同时尽可能减小对商业铺面的遮挡。

设计直面周边居民对自然、健康生活方式的向往和追求，通过挖掘和再现闵行镇地域性的水乡四季的环境特质，满足了人们亲近自然、回归自然的渴望和诉求。以流水磐石的设计概念塑造了亲切宜人的室内外空间，并成功地将商业空间转化为宛如社区公共社交空间，通过在建筑不同区域设置的社区广场、社区客厅、社区集市、社区运动中心、社区儿童游乐场等不同功能空间产品，为周边居民提供了周末休闲娱乐的好去处。将此天街项目打造为具有地域特色和时代特征的社区绿心。

公共配套楼以"中心核的狂欢"为概念，将最具活力的业态整合植入建筑核心，核心内不同的业态将辐射所在各层附属空间。将首层的商业独立运营，在二层设立次首层，起到公共大厅的作用，统一组织人流交通来提升建筑的活力。立面设计同样采用体块穿插的手法，与本地块的销售商业立面相呼应，并将"中心核"向西侧公园打开，与大自然产生互动联系，打造极具活力并与环境协调融合的居民新聚集地。

10— 主入口效果图

11— 公共配套日景透视图

12— 公共配套西立面日景图

13— 东侧中庭效果图

14— 下沉广场入口鸟瞰效果图

15— 下沉广场效果图

16— 影院入口效果图

17— 食街效果图

18— 次入口效果图

19— 办公日景图

单 | 位 | 介 | 绍

单位名称：上海龙湖置业发展有限公司

通信地址：上海市闵行区申长路 799 号虹桥天街 B 馆 6 楼

购物中心设计单位名称：ECE Europa Bau–und Projektmanagement G.m.b.H.

通讯地址：Saseler Damm 39, 22395 Hamburg

主页网址：www.ece.com

红树山谷二期

申报单位：中元国际（海南）工程设计研究院有限公司
申报项目名称：红树山谷二期
主创团队：李红、吕珍萍、杨进、吴朋朋、宁世清

项目位于海南省三亚市亚龙湾西北角，红树林保护区西侧，总用地面积约 188060m²，总建筑规模约 87017.62m²，容积率：0.46，绿化率：65.20%。东面有 600m 宽红树林景观面，其余三面为自然生态山景，设有酒店服务中心和其他配套设施，包括大堂吧、咖啡厅、泳池、健身室等。

建筑顺着山地高差，依山而建，排列有序，空间层次丰富，与山体互相呼应，从而突出红树林保护区的整体自然环境。整个用地为低密度低层建筑布局，顺着山地高差，依山而建。平均建筑高度只有 3 层，能确保地块内自然通风条件，减少客房内空调所需能源。所有房间都设有大面积落地窗与休闲阳台，除坡屋顶深檐口有很好的遮阳效果外，其他主要门窗及纵向天窗也设有百叶式遮阳装置，度假独立式客房主要连廊走道都采取开放式柱廊设计以达到较好的自然通风效果。每户均有绿化私家花园及生态水池，各建筑也配合现代环保设计考虑，提供环保太阳能板设备。

项目在现代东南亚建筑格调上进行拆分、组合、错位等一系列手法，使群体的逻辑性及标志性相当鲜明，利用开放式通透连廊将各体量串联，使各个室间能够达到自然通风采光，也使整体设计体量既多元化又富有色彩，但同时又保持了建筑的整体性。

项目的建成为提升亚龙湾的整体品味和效益发挥了一定作用，同时也对三亚市的旅游度假市场产生积极的影响，成为三亚市亚龙湾的标志性建筑。

1- 项目实景图

2- 交通分析图

3- 总平面图

4- 主要建筑平面图（独立式客房 A 一层）

5- 剖面图（独立式客房 A）

6- 客房效果图（独立式客房 A）

7- 建筑类型分析图

8- 景观水体系统分析图

9- 立面图（独立式客房 A）

10- 主要建筑平面图（独立式客房 B 一层）

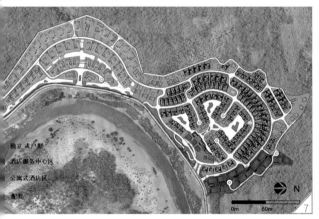

独立 式户型

酒店服务中心区

公寓式酒店区

配套

0m   50m   N

景观水体

绿化及景剂入渡假层

基地边界

0m   50m   N

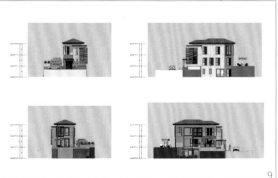

11

14

15

12

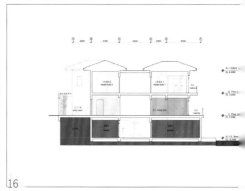

16

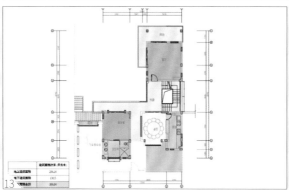

13

17

单 | 位 | 介 | 绍

单位名称：中元国际（海南）工程设计研究院有限公司
通信地址：海南省海口市滨海大道 77 号中环国际广场 9 楼
主页网址：www.hipp.net.cn

白银市袁家村陇上印象旅游项目概念性方案及控制性详细规划设计

申报单位：佩西道斯规划建筑设计咨询（上海）有限公司
　　　　　PDAS·P&D Architekten Stadtplaner(Shanghai) GmbH
申报项目名称：白银市袁家村陇上印象旅游项目概念性方案及控制性详细规划设计
主创团队：林庆英、曹桂森、邵鹏、陶小亮、陈娟

项目位于威海东部新城城市中心组团，毗邻新城核心区中央区域，离海仅 0.8km，是新城建设先行启动区域，紧临东部滨海新城逍遥湖核心景观。基地南至成大路，东、北临接石家河森林公园，西接规划的滨海新城 CBD，西北有逍遥小镇及逍遥湖，总体概念规划范围为 2km²。一期规划范围面积约 600 亩，其中首启区约 400 亩。

项目被定位为康养之都的核心服务组团。新区建设也正处在启动的初期，周边建设尚为空白，但其核心景观逍遥湖将于 2016 年竣工投入使用。此外，基地北侧森林公园和花海等已经建成多年，已形成较稳定的市场旅游客群，这对该项目有较大利好。

策划上，通过对区域市场的深入调研，分析目标客群特征和需求，并找准区域发展空位，高标准定位项目为：集全龄层社区养老、旅游度假、特色文化、城市配套等功能于一体的滨海国际健康城。瞄准建设目标，打造全国中欧城镇化合作先行建设试点，全国生态康养社区建设典范。并依据威海和比利时根特的友好城市基础，给出项目特色定位：弗兰德斯滨海田园优养小镇。在此基础上，通过对接市场，高起点配套，为规划区植入"三大板块、一条景环、四季同享"的项目体系。

规划上，紧抓基地优势，对接周边旅游资源，遵循地形条件，构建规划区"一心、一轴 一环、四区，多条景观放射通廊"的总体空间结构。一心，为天鹅湖景观核心，形成社区最具引力的公共空间。围绕一心，形成外向旅游性质的旅游产品环。以此为原点，形成景观的区域发散结构，其中，结合生态型健康运动公园，形成规划区整体向海打开、拥抱大海的态势。在建筑特色上，重点植入弗兰德斯建筑风情，将旅游环打造为典型的风情环，而外围的配套则通过特色元素的植入保证区域统一，并从规划设计本身预留开放街区的可能，为现实和未来搭建桥梁。此外，项目通过挖掘银发价值，提供国际水准的康养服务，实现区域养老的优化提升，打造市场稀缺。

1— 小吃街效果图
2— 一期鸟瞰图
3— 日景鸟瞰图

4- 滨河湾夜景效果图
5- 水街黄昏效果图
6- 日景鸟瞰图
7- 酒吧街效果图
右顶图 - 白银项目效果图

单 | 位 | 介 | 绍

单位名称： 佩西道斯规划建筑设计咨询（上海）有限公司
通信地址： 上海市杨浦区四平路 1388 号同济联合广场 C 座 403
主页网址： www.pdas-GmbH.com

贵安新区高峰镇麻郎新型社区修建性详细规划

申报单位：贵州省建筑设计研究院有限责任公司
申报项目名称：贵安新区高峰镇麻郎新型社区修建性详细规划
主创团队：王朔、柳洪、陈佳佳、齐虹、张仁亮、毛秋菊、雷杰义

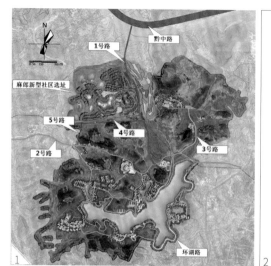

　　贵安新区高峰镇麻郎新型社区实施麻郎、桥头、狗场三个贫困村整村迁建合并，现已建设成为全省建设的首个 VR 小镇——北斗湾 VR 小镇。

　　以"绿色乡村，生态家园"为主题，围绕四美三宜的总体要求努力将麻郎新型社区建设成为全省领先"宜居、宜业、宜游"的"省级美丽乡村示范村"，最终实现"村新、业兴、景美、人和"的目标。该项目于 2014 年初开始设计，耗时 1.5 年，2015 年 6 月开始建设，于 2017 年 9 月竣工。现已建成的北斗湾小镇对于贵州的扶贫政策和大数据建设具有极大的示范及实践意义。

1. 易地搬迁扶贫

　　麻郎、狗场和桥头是贵安新区高峰镇的 3 个贫困村，交通不便、落后闭塞，没有特色产业支撑，多年来村民一直依靠传统农业勉强维持生计。在国家易地搬迁扶贫的政策下，为尽快让当地村民摆脱贫困，2015 年 2 月 8 日，项目开始动工兴建，至今项目已基本建设完工，其中北斗湾 VR 小镇商业街已投入使用。建成后的北斗湾 VR 小镇将成为贵安新区易地扶贫搬迁高峰镇麻郎村、桥头村、狗场村村民的"新家"。

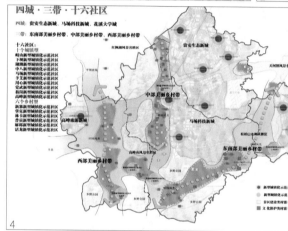

　　小镇内配套建设了 VR 商业街、幼儿园、农贸市场、服务中心、敬老院等设施。还建设了很多城市小区尚未普及的便民设施，比如集中供暖、中水入户、直饮水源等设施，让搬迁农民享受到最好的设施。

　　贵安新区统一按照国家绿色建筑二星标准设计，融合海绵城市理念，打造省内首批生态绿色、智慧管理的新型云社区。小区配备了云健康中心、云社区中心、无线 WiFi、智能充电桩、智能监控等设施，进一步优化了居住环境。

2. VR+ 大数据产业

　　2016 年，VR 科技以"迅雷不及掩耳之势"的发展速度，席卷科技界和各大媒体，就是这么个看似"遥不可及"的高科技，却在贵安新区与北斗湾 VR 小镇"邂逅"，"创新科技 + 美丽乡村"成了北斗湾 VR 小镇的最卖座的看点。

　　作为贵州创建国家大数据综合试验区的主战场之一，贵安新区将大数据与美丽乡村建设结合，以发展"大数据 +VR"为主，打造 VR 的发展平台，创建电商服务交易平台，融合大数据双创园，创建科技创新型美丽乡村村寨。

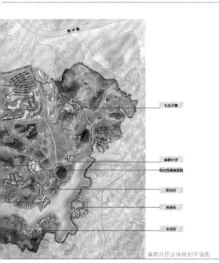

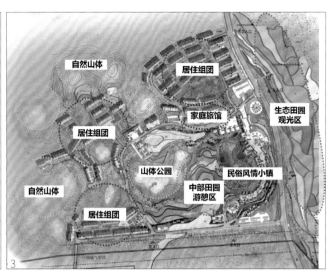

麻郎片区总体规划平面图　　3

1- 场地认知 与村庄概览图
2- 区域认知图
3- 规划结构分析图
4- 村寨发展总体布局图
5- 项目动线设计图
6- 交通流线分析图

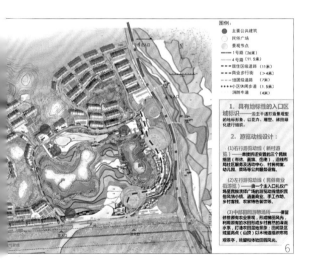

此外，北斗湾 VR 小镇还大力引进 VR 产业要素，建设 VR 产业馆、应用馆、科教馆、体验馆和创客空间和内容交换空间等，实现虚拟现实产业的有效聚集，提升社区人气，让 VR 走进美丽乡村和传统村落，助推旅游业和 VR 产业的发展。

未来的 VR 小镇，将集 VR 孵化、研发、生产、体验、交易、运用为一体的全产业链平台，以起点高、策划精、产业特色突出为标准，建一个 VR 学院、一个资源交易中心和一个 VR 双创联盟，力争打造成一个全国乃至世界同行中的引领性项目和平台。

项目建设规模

（1）总用地面积：274643.9m²（约合 412 亩，不含中部山体及农田区域）；

（2）总建筑面积：235559.56m²（其中地上建筑 197365m²，地下 38194.56m²）；

（3）总户数：1368 户（根据建设单位提供具体的户型配比测算总户数为 1185 户，本规划为 1368 户，预留 183 户可考虑分户还迁及周转用房）；

（4）居住总人数：约 3000 人（拆迁人口规模）；

（5）户型面积：75m²、100m²、120m²、130 m²（根据建设单位提供的《麻郎新型社区拟建房屋统计表》）。

（6）人防地下室面积：7894.6m²（根据贵安新区规建局人防办提供测算依据：计容建筑面积的 4% 测算，为二等人员掩蔽场所。最终人防地下室建筑面积以当地人防批准意见为准）。

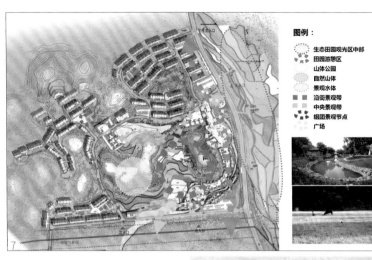

图例：
- 生态田园观光区中部
- 田园游憩区
- 山体公园
- 自然山体
- 景观水体
- 沿街景观带
- 中央景观带
- 组团景观节点
- 广场

7- 景观分析图
8- 总平面图
9- 鸟瞰图
10- 北斗湾 VR 小镇平面图
11- 北斗湾 VR 小镇鸟瞰图
12- 北斗湾 VR 小镇主入口效果图
13- 临城市道路效果图
14- 北斗湾 VR 小镇效果图
15- 住宅效果图

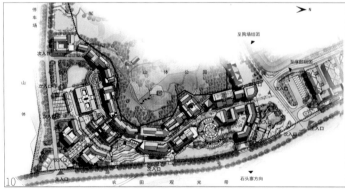

单|位|介|绍

单位名称： 贵州省建筑设计研究院有限责任公司
通信地址： 贵州省贵阳市观山湖区林城西路 28 号
主页网址： http://www.gadri.cn/

浙江省建德市乾潭镇胥岭国际生态村村庄发展规划

申报单位：苏州工业园区远见旅游规划设计院集团有限公司
申报项目名称：浙江省建德市乾潭镇胥岭国际生态村村庄发展规划
主创团队：唐罗娜、陈莉莉、孙潇潇、巩芳、马碧玉、李萌萌、姚翔翔

　　胥岭村位于浙江省乾潭镇海拔 400 余米的山坳内。因伍子胥当年逃亡于此而得名，相传他在这里的天然溶洞内得到天书才成为一代名将。村庄四周群山环抱，千层梯田从山脚直伸岭尖。伍子胥在当地带领村民耕种，开启了近三千年的胥岭生活。同时期，周公利用圭表之法，二十四节气应运而生。村内蕴藏丰富的自然景观（梯田、溶洞、古道、溪流等）与人文历史（子胥庙、胥乐亭、特色风物民俗等）资源，为村庄的新生发展与乡土生命延续提供了基础支撑。然而村落无法避免空心化、老龄化等问题，如今整个村子不足 20 户人家。胥岭所在的乾潭镇政府塑造"杭州都市圈生态健康城"的乡镇形象，以胥岭为试点，启动胥岭国际生态村建设项目。

　　该项目以新乡土的村落营造实践为初衷，以谦卑的姿态进行有力量的创新，返本还原，用天地物候该有的样子来重塑胥岭，进行一场多彩生命力的释放，打造胥岭中国物候生活地。

　　规划设计在力求见人、见物、见生活、为自然种绿、为村落留白的总原则下，通过留白和添彩两大核心策略，用中国最古老的二十四节气唤醒胥岭，将物候和节气所代表的作物、场景、生产与现代人的生活需求、旅游行为相结合，在胥岭生态价值观下，塑造物候生活地，留住最美好的自然，打造最鲜活的生活，构建最生态的系统。通过"候·食、候·游、候·居、候·养、候·学"五项产品体系构建胥岭物候生活。

　　结合胥岭的场地特征及物候生活需求，将胥岭生态村分为一轴四区：

〉》一轴

　　胥岭活力生命轴。

■ 资源过于分散
胥岭古道为衢州通往南京的古官道，官道穿村而过，起点海拔140m，过胥岭最高点海拔604m，**总长5.5km**。景观散乱的分布在古道两侧，景点与景点之间的距离过远。

■ 产品过于单一
旅游产品以观光性为主，体验与休闲型旅游产品缺乏。

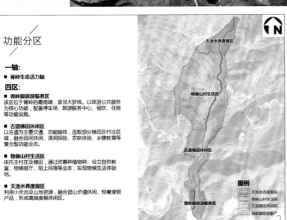

功能分区

一轴:
■ 胥岭生命活力轴
四区:
■ **胥岭脚旅游服务区**
该区位于胥岭的最南端，紧邻大罗坑。以旅游公共服务为核心功能，配备停车场、旅游服务中心、餐饮、住宿等功能设施。

■ **古道梯田休闲区**
以古道为主要交通、功能轴线，选取部分梯田及村庄区域，融合田间休闲、溶洞探险、农耕体验、乡建教育等复合型业态。

■ **物候山村生活区**
依托主村庄及梯田，通过改善种植物种，设立自然教室、物候餐厅、陌上民宿等业态，实现物候生活体验地。

■ **天池水养度假区**
利用小天池及山地资源，融合登山步道休闲、轻奢度假产品，形成高端度假休闲区。

图例
天池水养度假区
物候山村生活区
古道梯田休闲区
胥岭脚旅游服务区

胥岭物候生活构成

候·食	候·游	候·居	候·养	候·学
一季候餐 初见书房 等候来（创意轻食） 岭上人家（农家餐饮） 民宿配套餐厅	梯田花海 果蔬采摘 农事体验 溶洞探险 采茶园	玖树·云端 陌上花开 陌上情怀 日月间溶穴酒店 员工宿舍 青年旅舍	禅修院 水韵养生馆 物候天池轻奢度假酒店	乡建学校 自然课堂 无边界梯田博物馆 树下说（公共清艺）

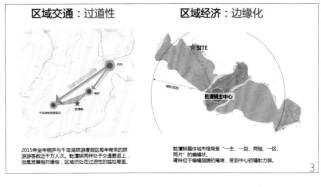

区域交通：过道性　　**区域经济：边缘化**

2015年全年桐庐与千岛湖旅游度假区每年带来的旅游游客近千万人次。乾潭镇同样处于交通要道，但是发展相对缓慢。区域仍处在过道性的辐射尾部。

乾潭镇整体城市格局是"一主、一副、两轴、一区、两片"的蝙蝠状。胥岭位于蝙蝠翅膀的尾端，受到中心的辐射力弱。

〉》四区

1. 胥岭脚旅游服务区

在胥岭的旅游现状配套设施极不完备的前提下，首先考虑以停车场、旅游服务中心、餐饮、住宿等功能设施的配备，建设旅游公共服务的核心功能。

2. 古道梯田休闲区

胥岭山岭之上，有距今500年明清时期衢州通往南京的古官道的一部分。以古道为主要交通、功能轴线，选取部分梯田及村庄区域，融合田间休闲、溶洞探险、农耕体验、乡建教育等复合型功能业态。

3. 物候山村生活区

浙江省内梯田资源较多，但梯田产品的功能打造单一，难以满足人们休闲旅游多元化的需求。胥岭保留着传统的农耕生活，因梯田油菜花而闻名。在特色和趋同中，胥岭延循三千余年前，伍子胥给胥岭带来的物候方式，重塑现代人倡导的最理想的生活方式。依托主村庄及梯田，通过改善种植物种、设立自然教室、物候餐厅、梯田客厅、初见书房、云上旅店等业态，实现物候生活体验地。

4. 天池水养度假区

利用小天池及山地资源，融合登山步道休闲、轻奢度假产品，形成山地度假休闲区。

该项目于2016年开始更新规划设计，2017年12月试运营。

左底图－初见书房 & 玖树·云端效果图
1－ 资源研究图
2－ 功能分区图
3－ 区域认知图
4－ 功能构成图

完善交通网络体系

■ 修复古道

在现有古道基础上修复整条古道，保持风貌的统一性。

■ 增加主村落路网密度

在现有主要道路基础上，增加住村落道路网密度，加强地块内部项目联系；增加道路景观设施、路灯等亮化设施，并进行主要街道风貌整治。

图例

- P 公共停车场
- 电瓶车租赁点
- 自行车租赁点
- 外围县道
- 内部山山公路
- 古道
- 村内道路
- 规划范围

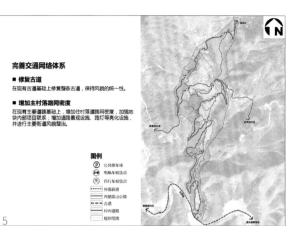

5

■ 生态自循环体系—树枝网络结构

将生态树生生不息理念融入菁岭水系整治当中，贯通菁岭五处支流，形成菁岭水系树枝生态自循环的网络结构。

■ 生产用水

规划保留小天池、恢复主村落的一处坑塘，另新建4处蓄水池用于蓄水与灌溉。

图例

- 水系
- 蓄水池
- 规划范围

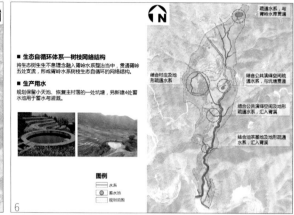

6

疏通水系，与菁岭水库贯通

结合公共滨绿空间疏通水系，与坑塘贯通

结合村庄及地形疏通水系

结合公共滨绿空间及地形疏通水系，汇入菁溪

结合油茶基地及地形疏通水系，汇入菁溪

- 乡创学校
- 医务室
- P 接乘点
- P 公共停车场

平面布局

利用地形高差将地划分为东、西两个功能区。东功能区——初见书房文化中心和西功能区——玖树跌宕，营造"棉田深处廊，隐在竹林中"空间体验感。

1. 小型停车场
2. 景观候亭
3. 入口牌门
4. 初见书房
5. 菜空楼梯
6. 田场地
7. 玖树接待中心+玖树客房（8间）
8. 棉田眺观
9. 步道
10. 前廊院
11. 玖树客房（3间）
12. 蔬菜立体种植箱
13. 水景
14. 水上木平台

7

IP 策动产业

□ 未来 Future

+农业
+旅游业
+商业

**生态为基
IP策动
产业融合**

产业方向

	菁岭经济作物	菁岭文创	菁岭文旅游	菁岭休闲游
蔬菜				
草莓				
白茶				
油				

产业类型：农业　文创商业　旅游业

产业价值：生态价值　+　休闲价值、文化价值

8

一季候餐 室内设计

以自然节气为主题元素打造活态物候餐厅，传递生态、休闲的文化就餐氛围。设计局部保留原有建筑墙面，结合生态木、布艺装饰与仿花型吊顶，使游客沉浸于花木气息，就在田野风景中感受自然食材的味道。

两层，室内总面积482 ㎡，卫生间面积22 ㎡，厨房面积27 ㎡，满足用餐人数207

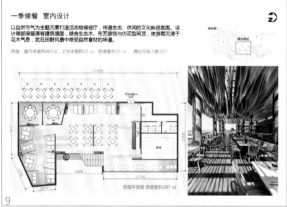

首层平面图 首层面积287 ㎡

9

添彩新村民

菁岭乡村复兴首先讲究人的重新注入。

也就是社群结构的重构，重建乡村建设精英阶层

我们需要老年人守护这块土地的同时，也越能让更多的年轻人留下来

首先 世居于此的村民的乡村　　　　其次才是外来游客分享的乡村

世居于此的村民	+	曾经离开过的地方居民 （与这片土地身心相连）	+	乡村创客、乡建人才
风土人情的传承者		主导乡村建设的精英人群		艺术文化、乡村产业的开发者
常驻人群			新菁岭人：旅游居民/移民	

10

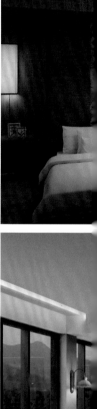

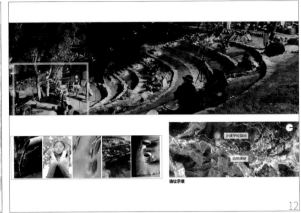

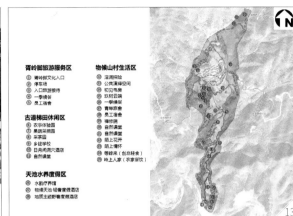

单 | 位 | 介 | 绍

单位名称： 苏州工业园区远见旅游规划设计院集团
有限公司

通信地址： 江苏省苏州市姑苏区中张家巷 17 号远见
旅游规划设计院有限公司

主页网址： http://www.yuanjianguihua.com

威海东部滨海新城康养之都规划及建筑方案设计

申报单位： 佩西道斯规划建筑设计咨询（上海）有限公司
PDAS·P&DArchitekten Stadtplaner(Shanghai)GmbH
申报项目名称： 威海东部滨海新城康养之都规划及建筑方案设计
主创团队： 林庆英、曹桂森、邵鹏、陶小亮、潘金亚

项目位于白银下辖水川镇，距白银市区 20km，北接水川镇区，东邻水船码头游览观光区，并且紧邻黄河，总占地面积约 50.9hm²。

项目基于兰州—白银经济区发展规划大背景，以黄河文化、丝路文化、民族文化等特色旅游资源为重点，积极引进战略投资者和国内外知名旅游企业，共同推动旅游业发展。同时，加大引导区域产业链构建，带动区域共同致富；促进兰白一体化发展，扩展区域消闲空间。重点建设沿黄西部著名的精品旅游景区，打造精品旅游线路。

该项目紧抓黄河文化之魂，并充分挖掘基地多水的优势特质，融汇陇上深厚的人文底蕴，塑写黄河母亲的温婉细腻，深化黄河文化之根本内涵，从而最终形成项目与众不同的水乡特色。

产品策略上以家庭亲子、文化体验、休闲美食、养老养生四类市场为核心，休闲体验为根本，重点提升景区康养休闲娱乐功能；近期以美食药膳、亲子游乐引爆，中远期以文化大戏为引领，并强化夜晚项目产品和活动演艺的打造，以引导过夜消费；另建议依季节动态优化产品和节庆活动，保证冬季淡季的旅游引力。最终打造主客共享、四季型、全天候的旅游景区。

在空间规划上，充分利用周边的"河、岛、塘、园、岸"等自然景观优势资源，依据"强化滨水区域的打造，强调旅游功能的核心集聚，构建主题旅游区之间的慢行交通联系"的规划理念，创建"一溪一岸，四区四核"的空间结构，形成"内核集中，外围配套"的总体功能布局。

1— 业态分析图
2— 规划结构图
3— 清晨鸟瞰图
4— 总平面图
5— 日景鸟瞰图

左顶图 – 黄昏效果图
左底图 – 鸟瞰图
6– 黄昏鸟瞰图

单｜位｜介｜绍

单位名称： 佩西道斯规划建筑设计咨询（上海）有限公司
通信地址： 上海市杨浦区四平路 1388 号同济联合广场 C 座 403
主页网址： www.pdas-GmBH.com

峰峰矿区彭城特色陶瓷小镇

申报单位： 上海创霖建筑规划设计有限公司
申报项目名称： 峰峰矿区彭城特色陶瓷小镇
主创团队： 马向弘、钱晓青、张勤、詹茜、何祖春

1. 小镇区位

陶瓷小镇位于峰峰矿区彭城镇南部区域，东沿九山沟绵延至张家楼，西侧以彭城历史街区为核心。

2. 规划范围

陶瓷小镇东抵九山沟，南至张家楼，西到富田遗址，北达滏阳河，东西跨越 2.4km，南北纵深 3.9km，规划面积为 2.19 km²。

3. 人文要素

（1）磁州窑价值：磁州窑遗址以其独特的造型和风格，承载着磁州窑厚重的历史文化，也是彭城镇内独特的风景。馒头窑是陶瓷窑炉的一种，亦名"圆窑"。

（2）佛教文化：响堂山石窟为全国七大石窟之一，具有极高的历史文化艺术价值，1961 年国务院公布为首批全国重点文物保护单位。

（3）红色文化：峰峰是一个具有光荣革命传统的地方。早在第一次国内革命战争时期，这里就涌现出了被誉为"北方局党的军事领袖、工农革命红军的将才"的彭城人张兆丰等革命先烈。

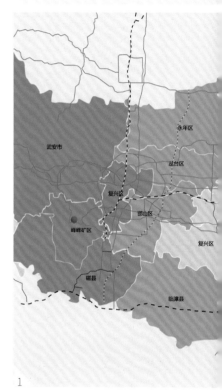

4. 产业背景

（1）陶瓷产业：近年来，彭城镇民营陶瓷企业异军突起，国企改革取得突破，陶瓷作坊各具特色。他们继承发扬磁州窑传统，坚持改革创新，开拓国内外市场，使古老的磁州窑焕发出新的生机。

（2）旅游产业：彭城镇以悠久的人文历史资源为中心，以丰富的社会旅游资源为衬托，以秀丽的山水园林景观为点缀，构成了得天独厚的综合景观优势，发展旅游业潜力巨大，前景广阔。

5. 核心任务

打造以磁州窑为主要特色、融入彭城当地文脉、有效充分利用全镇、峰峰片区乃至大邯郸地区的各类资源，带动周边相关产业发展，结合文化旅游、历史街区、创意研发、陶瓷体验等多功能为一体的陶瓷小镇，建设具有国际影响力的陶瓷产业研发设计中心、品牌中心、商贸中心和跨界产业中心。

6. 规划原则

追求自然与人文的和谐——突出小镇山水特色，注重水系天然氛围与情景的塑造，创建休闲度假小镇风貌。

达成历史与现实的对话——历代磁州窑遗址、千年古石窟、南响堂寺、增强地域特色，突出乡土文化。

1— 区位分析图
2— 规划总平面图
3— 历史步行街区——陶瓷七场项目
4— "历史彭城"场地模型
5— 区域旅游资源
6— 旅游分析图
7— 宏观交通分析图

3

4

5

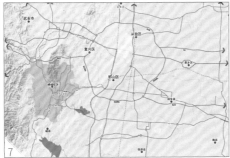

7

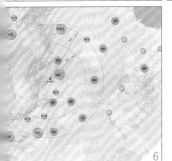

6

创造建筑与环境的呼应——建立生态景观空间秩序，建立形式与环境协调呼应，提升陶瓷小镇总体环境品质。

实现旅游与产业的共生——开展多样化的经营开发模式，依托陶瓷产业，追求旅游、商业经济的双赢。

7. 目标愿景

陶瓷小镇总体发展目标：陶瓷产业创新策源地、文旅融合发展示范区及艺术会展经济新平台。

小镇是集聚工艺美术大师、陶瓷创意空间、陶瓷企业和人材的陶瓷产业创新基地；建设彰显磁州窑文化、景城融合、宜人绿色的磁州窑文化旅游目的地；争创汇聚陶瓷前沿科技、艺术交流、商贸交易的世界陶瓷博览会永久会址。

8. 项目建议

规划范围内按三个片区的功能定位，分别

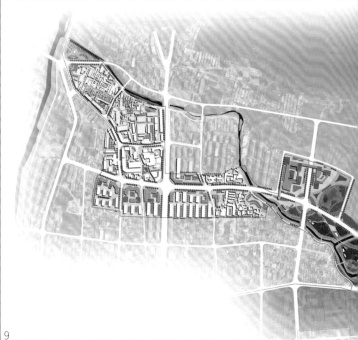

布置项目。

历史彭城区：①磁州窑富田遗址博物馆，②制瓷体验馆，③陶瓷产品展，④滨水餐饮，⑤休闲咖啡馆，⑥特色民宿；

幸福彭城区：⑦陶瓷文化公园，⑧窑神像，⑨艺术村落，⑩主题影院，⑪陶瓷研究所改造，⑫东阁片区，⑬陶瓷七厂改造；

国际彭城区：⑭门户展示，⑮文化广场酒香川巷，⑯陶瓷艺术馆，⑰大型停车场，⑱亲子乐园游客。

9. 规划理念

（1）历史彭城：以工业遗产文化为线索的体验式游憩综合带，基于遗产保护的混合开发。

（2）幸福彭城：幸福彭城片区服务于本地及周边，延续片区历史上"商"的传统，打造彭城商业新中心，并结合工业遗址旅游和古城文化进一步发掘片区文化内涵。

（3）国际彭城：走国际化路线，定位国际彭城主题片区，依托"张家楼国际艺术公社"创造全新旅游品牌。

8-"幸福彭城"场地模型
9-"幸福彭城"总平面图
10、11-历史步行街区——陶瓷七场项目
12-"国际彭城"场地模型
13-"国际彭城"总平面图
14-"历史彭城"总平面图

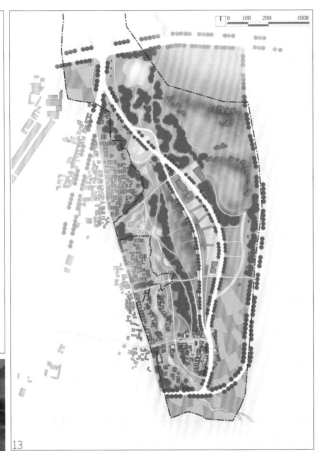

13

单│位│介│绍

单位名称：上海创霖建筑规划设计有限公司
通信地址：上海市杨浦区国定东路 275 号 8
号楼 3A03 室
主页网址：Http://www.tdi-sh.com/

14

桃源小镇

申报单位：大象建筑设计有限公司（GOA 大象设计）/ 杭州西溪山庄房地产开发有限公司
申报项目名称：桃源小镇
主创团队：张晓晓、陈斌鑫、胡炜琦、吴捷、赵得功、袁波

杭州桃园小镇位于杭州市余杭区闲林版块，距杭州市中心约 19km。基地东西长约660m，南北长约 1060m，总用地面积逾 43 万平方米，共分为 4 个地块，一条规划道路自南而北穿过基地。

基地具有鲜明的景观特征：西侧紧靠山地，周边环境包括山顶公园、林地、果园，东西向最大高差约 50m，而南北向坡度缓和，高差仅为 10m，由此作为切入点，本案充分利用基地周边资源，希望以因地制宜的布局方式创造开放、自然的社区空间，为居住者提供亲切、宜人的感受。

在具体设计中，建筑师以基地与城市的衔接作为切入点，通过对周边城市资源的研究将交通、社区配套、景观资源等元素进行叠加、重组，构成了该设计的基本格局；社区内部实现人车分流，建立通畅安全的步行空间。车行路线主要集中内环，步行进入组团邻里空间，以回家的路线为基础，营造连续、流动的景观序列，创造出动静有别的丰富空间。

景观规划是本案重要的空间组织依据。作为区域内人群活动的核心地带，中心景观轴纵贯场地中央，以水景、稻田为整片基地营造出恬然闲适的氛围。在中心景观轴与两条入口轴线的交汇处，精巧的景观建筑——稻田私塾漂浮于水面之上，南侧设木栈道与稻田景观相连。建筑面积约 60m²，在选材、高度、体量等方面充分尊重基地的自然条件，以轻盈别致的姿态环抱于水面之中，为场所平添了几分"稻花香里说丰年，听取蛙声一片"的田园风情。

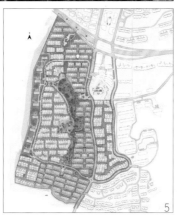

① 鸟瞰效果图

② 区位分析图

③ 周边环境图

④ 规划总平面图

⑤ 总平面图

⑥ 开发现状图

⑦ 功能分析图

⑧ 交通分析图

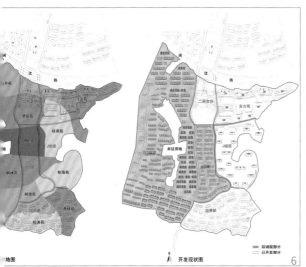

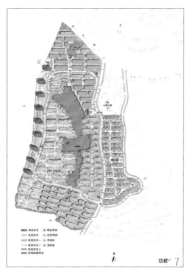

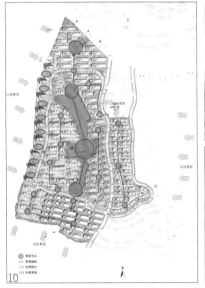

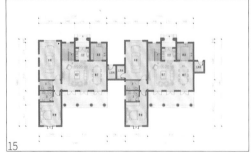

9、16、19、20- 实景图

10- 景观分析图

11- 地下室平面图

12、13- 稻田私塾效果图

14、17- 效果图

15- 北入低层住宅一层平面

18- 稻田私塾施工现场实景图

GOA 大象设计

单│位│介│绍

单位名称：大象建筑设计有限公司
通信地址：浙江省杭州市西湖区古墩路 389 号
主页网址：www.goa.com.cn

上海市浦东新区民乐大型居住社区 F05−02 地块（经济适用住房）

申报单位：上海中建申拓投资发展有限公司
申报项目名称：上海市浦东新区民乐大型居住社区 F05−02 地块（经济适用住房）
主创团队：李书颖、朱小琴、冯华晟、李斌、陆晓东

1. 项目概况

该地块为 F05−02 动迁安置用房地块。用地面积共 46650m²，容积率 2.3。

该项目总建筑面积约 146198m²，其中地上建筑面积 112726m²，地下建筑面积 33472m²，总计容建筑面积 107295m²，住宅计容建筑面积 105913m²，公共建筑面积 1382m²，总户数 1505 户。小区共布置了 12 栋 18 ～ 21 层高层住宅，设置 1 座地下车库及设备用房，可停机动车 936 辆。各住宅楼均设地下室，作为自行车库使用。小区沿拱鸣路设置 1 栋 3 层的集商业、居委会、物业、服务站、活动室于一体的社区综合配套服务楼。

小区另设 K、P 型变电站、垃圾收集站、通讯机房、煤气调压站等设施。

2. 规划设计理念

（1）区位条件

F05−02 地块位于浦东新区惠南镇西北部，拱乐路以南，听潮路以东，拱鸣路以北，通济路以西。规划建设用地 46650m²。

规划基地紧邻乐民大型居住社区的地区中心，周边配套设施齐全。基地周边幼儿园、小、初、高中齐全，距离公园仅 500m 左右，地理位置优越。

（2）便捷的交通联系

基地西侧的城西路为城市次干路。

（3）丰富的景观资源

基地周边分布有多条城市绿化带，为塑造优美的居住环境打下良好的基础。基地西北侧 500m 左右为规划的公园，景观环境优越。

（4）完备的服务配套

基地东部、北部紧邻幼托用地、小学、初中用地以及高中用地，教育配套设施齐备。基地东侧为乐民大型居住社区的地区中心，商业配套等各种服务设施齐全。基地已具备良好的服务配套条件。

3. 规划原则

（1）和谐宜居

以创建和谐社会为基本出发点，在塑造内部良好空间环境的同时，致力于协调规划区内外部关系，以期实现住区与城市、人与人、人与环境的和谐共生。

规划目标：高品质的生

规划以人为中心，通过环境景观的营造和健康理念的打造，全面提升和谐交流的社区环境和生活体系。最终将本项目打造

Transportation
公共交通：高质量的公共交通体系

fOrm
形象鲜明：多样化的居住空间形态

慢行先导

区域分析
项目位于上海市浦东新区惠南镇，基地位于浦东新区民乐大型居住社区的四期。

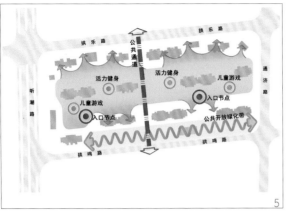

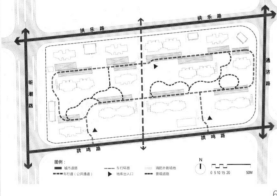

（2）整体系统

从整体性出发，注重功能组织、空间布局的整体性、系统性，创造合理的空间构架，将良好的视觉效果，完备的功能与个性统一起来。

（3）因地制宜

充分考虑基地的区位优势，合理利用外部资源，尤其是周边绿化景观资源，加强基地内部管理，营造独具特色的小区形象。

（4）以人为本

强调人、建筑、环境共存与融合，以提高居住生活品质为目标，充分考虑人的各方面要求，创造有丰富内涵的社区场所空间。

（5）规划目标

该规划以人为中心，兼顾功能性、经济性、实用性，着意打造优质生态环境，实现"高起点规划、高水平设计、高质量施工、高标准管理"的目标，为居民塑造环境优美、舒适便捷、配套齐全、和谐交流的社区环境和生活体系。

4. 绿化景观系统

在绿化系统方面强调系统性与生态性。结合建筑布局和空间轴线，采用带状绿地布局，总体由两条东西向绿化景观轴为主体框架，结合景观节点布置。同时将城市道路绿化、中心绿地、宅间绿地相融合，使之成为统一整体。

该项目的绿化系统结合规划结构，以绿化景观轴为线索，以最贴近住宅的方式布置，提高了绿地的共享性。通过强化各个片区的入口绿化空间，紧密联系核心景观区和几个入口景观节点，结合绿化广场、步行系统加强各个片区之间的联系，使其成为一个整体。

该项目更为强调的是整体绿地率，形成一个充满绿意的居住空间。通过宅前宅后的绿地细化处理，并且与带状集中绿地、道路绿化、开放式绿化相结合，共同形成一个绿化面，使其真正成为一个花园式生态型居住地。

在小区南侧设计总用地面积 10% 的公共开放绿地。

5. 道路系统规划

在地块中部增加 8.5m 宽（包含一侧 1.5m 人行道）的公共通道，以满足通行需要。

道路交通系统规划以加强内部功能组织和便利内外交通联系为原则，并且进行局部人车分流系统的组织。同时，将交通系统组织与住区内设计相结合，共同创造良好的内外部空间景观。

规划区内交通组织采用局部人车分流的方式，即入口合流、内部局部分流的组织方式。内以环路交通将车行引至外围，以减少对内部的干扰，并通过两条东西向景观轴的设计将步行系统引至中部。在住宅群体内部与绿带设计相协调规划设计步行系统，使绿化延伸至住宅楼边。区内环路宽度为 6m。

静态交通规划也是该项目规划设计的重要方面，为适应家用小汽车的日益增长，规划考虑充分停车场库的安排。采取地面路边停车和地下停车两种方式。依据 DGJ 08-7-2014《上海市工程建设规范建筑工程交通设计及停车场库（场）设置标准》及 DJG 08-55-2006《城市居住地区和居住区公共服务设施设置标准》的相关规定，以及设计任务书的相关内容。本案住宅部分车位数量设置按照 0.8 辆/户，共计 1024 个车位。其中，地上 268 个，地下 936 个。社区配套公共建筑按照 1 辆/100m² 共设置 15 个地面停车位，机动车共 1219 个。另设卸货车位 1 个。非机动车停车率按照户均不少于 1.1 的比例设置在各住宅楼地下室。

6. 装配式建筑技术

该项目中的装配式住宅采用装配式混凝土剪力墙结构，住宅建筑设计考虑实现"标准化设计、工厂化生产、装配化施工、信息化管理"，全面提升住宅品质，降低住宅建造和维护的成本。

规划设计在满足采光、通风、间距、退线等规划要求情况下，优先采用由套型模块组合的住宅单元进行规划设计。

该项目的装配式混凝土剪力墙结构住宅在满足住宅使用功能的前提下，实现住宅套型的标准化设计，以提高构件与部品的重复使用率，有利于降低造价。项目根据任务书大、中、小套的户型要求共设计了 5 种标准化户型，大、小套共 2 个，中套 3 个。标准化的套型设计将提高预制构件的标准化程度，并极大地提高构件及部品的重复使用率。

8- 社区内景鸟瞰图
9 ~ 11- 户型设计
12- 套型设计平面图
13- 高层住宅门头效果图
14- 高层住宅效果图

单 | 位 | 介 | 绍

中建八局之地产业务

建设单位名称：上海中建申拓投资发展有限公司
通信地址：上海市浦东新区新金桥路 1599 号 B2 栋 11 楼
主页网址：http://www.cscecdf.com

设计单位名称：上海华都建筑规划设计有限公司
通信地址：上海市杨浦区中山北二路 1111 号同济规划大厦 8 楼
主页网址：http://hdad.net.cn

宿迁汽车文化旅游小镇总体策划及概念规划

申报单位：北京清华同衡规划设计研究院有限公司
申报项目名称：宿迁汽车文化旅游小镇总体策划及概念规划
设计部门：城市发展策划研究所
合作单位：中冶节能环保有限责任公司
主创团队：彭剑波、李惊涛、李超文、邱鹏、韩雨辰、贾文军、陈琦

汽车产业和文化旅游产业作为我国两大高速发展的产业，具有广阔的市场前景。宿迁汽车文化旅游小镇项目，立足宿迁市产业结构调整、汽车商贸市场规范整治、文化旅游类项目亮点营造、城市发展提质升级等发展诉求，力争为宿迁市打造一个新的产业引擎与旅游休闲目的地，成为一张具有全国乃至全球影响力的宿迁城市新名片。

宿迁，江苏省省辖市，位于江苏省北部、地处长江三角洲地区，是长三角城市群成员城市，属于长三角经济圈（带）、沿东陇海线经济带、沿海经济带、沿江经济带的交叉辐射区。该项目位于宿迁市西部，地处汽车产业区、住宅区、经开区三区交汇处，交通便捷，区位优势明显。东侧汽车产业区集聚宿迁市主要新车销售与汽车商贸产业，西南侧经开区汇聚大量产业项目，地块北侧住宅项目丰富，周边商业竞品类项目偏少，为项目集聚人气提供了客流量支撑。项目一期地块总面积约为438亩。

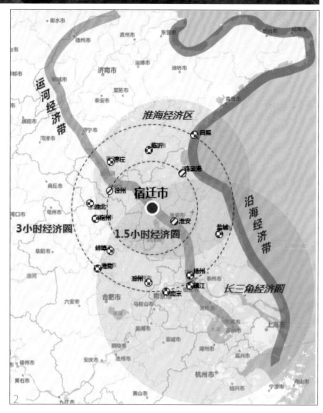

项目定位与目标：立足宿迁、辐射长三角、示范全国、同步国际，以特色小镇的模式，打造一个具有国际化、超前性、引领性、互动性、辐射性的宿迁汽车文化旅游小镇。

该项目坚持"汽车为题、文旅做亮、商贸做量、服务做质、金融做利、环境做美"的开发理念，通过"全链整合、全境营造、全域文旅、全龄娱乐、全时体验、全家欢乐"，打造具有国际标准和宿迁特色的汽车文化旅游小镇。

坚持国际标准的协同设计——坚持世界眼光、国际标准、宿迁特色、高点定位、综合效益五大核心原则，基于趋势、市场、基地、业态、形态、文态的协同设计。

深耕汽车相关市场——研究国内外汽车小镇发展趋势，探索汽车小镇发展模式，因地制宜地提出适合宿迁城市发展的汽车小镇模式。

探索汽车商贸发展的新思路——项目涵盖汽车销售、服务、保养、体验、互动等，衍生发展汽车文化生活体验，创新发展城市汽车商贸新型综合体模式。

凸显汽车文化，彰显汽车生活方式——汽车文化是汽车相关产业的灵魂，项目以汽车文化为主线，融合宿迁当地文化元素，展示了最先进的设计理念，表现以汽车为载体的一种现代生活方式。

与运营单位的需求紧密结合——宿迁汽车文化旅游小镇整个规划设计过程中，始终以运营单位的需求为导向，并充分听取投资方、建设方的意见，极大增强项目后期的操作性和落地性。

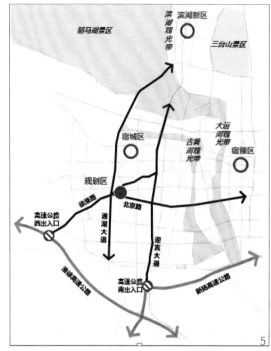

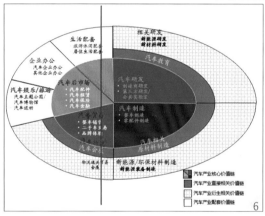

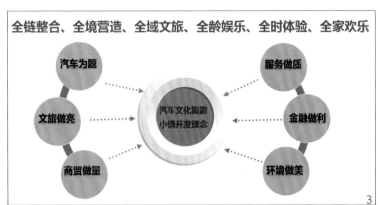

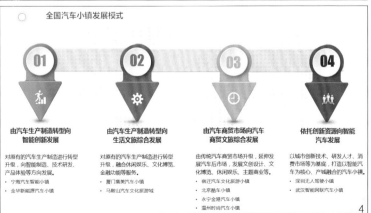

1– 鸟瞰图
2、5– 项目区位图
3– 开发思路图
4– 国内汽车小镇发展模式图
6– 汽车产业生态圈

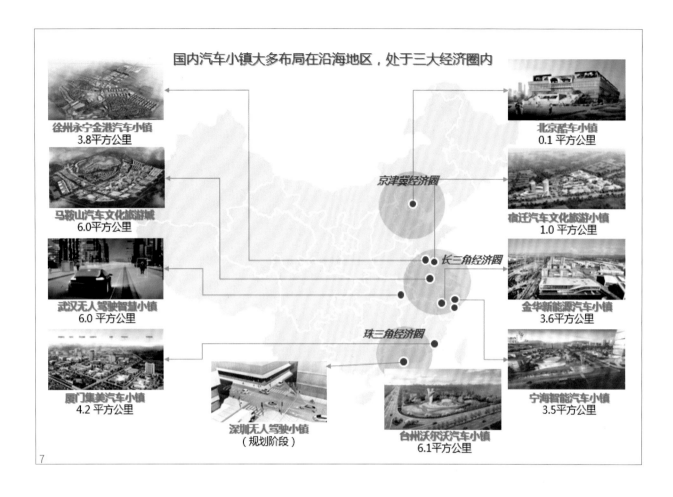

国内汽车小镇大多布局在沿海地区，处于三大经济圈内

徐州永宁金港汽车小镇
3.8平方公里

马鞍山汽车文化旅游城
6.0平方公里

武汉无人驾驶智慧小镇
6.0平方公里

厦门集美汽车小镇
4.2平方公里

深圳无人驾驶小镇
（规划阶段）

台州沃尔沃汽车小镇
6.1平方公里

北京酷车小镇
0.1平方公里

宿迁汽车文化旅游小镇
1.0平方公里

金华新能源汽车小镇
3.6平方公里

宁海智能汽车小镇
3.5平方公里

京津冀经济圈

长三角经济圈

珠三角经济圈

7

单│位│介│绍

单位名称：北京清华同衡规划设计研究院有限公司
通信地址：北京市海淀区清河中街清河嘉园东区甲
　　　　　1号楼东塔7层
主页网址：http://www.thupdi.com

8

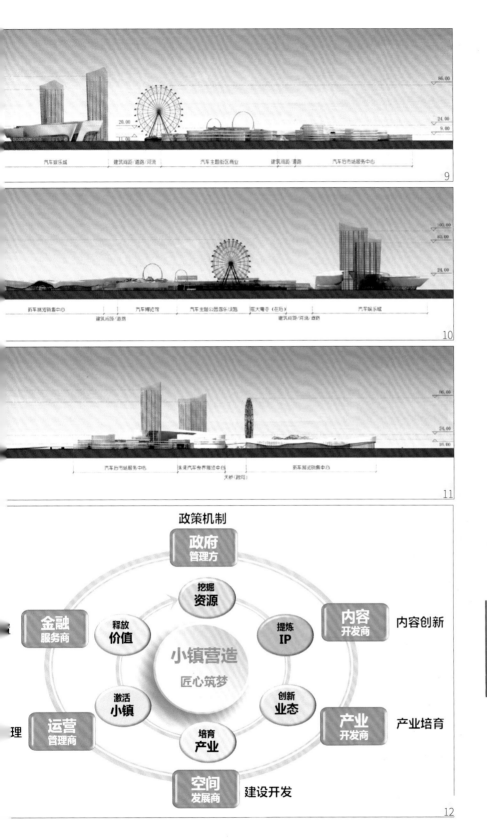

小金县沃日土司官寨维修工程

申报单位：四川省大卫建筑设计有限公司
申报项目名称：小金县沃日土司官寨维修工程
主创团队：刘卫兵、卢晓川、黄向春、王卫国、牟能彬、罗俭

　　小金县沃日土司官寨约在 1644—1661 年建成，是乾隆皇帝征战大小金川古战场重要历史遗址之一。英国著名自然学家爱尔勒斯特·亨利·威尔逊 (Ernest Henry Wilson) 于 1908 年 6 月 25 日—1908 年 6 月 28 日在徒步翻越巴郎山后，考察官寨并拍摄了 10 余幅照片，这些照片已成为现在了解该地区自然、文化变迁十分珍贵的影像资料。官寨地势平坦，背靠黄家山，前有沃日河穿流而过。官寨集碉楼、藏经楼、书房、土司起居住所、活佛居所、刑房、首饰作坊等于一体，磨房、地窖结构精巧、气势宏伟，是典型的嘉绒藏族建筑城堡。

| 1、2- 历史照片
| 3、4、5、8- 修复后的实景图
| 6、7- 区域分析图

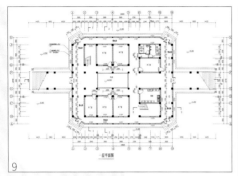

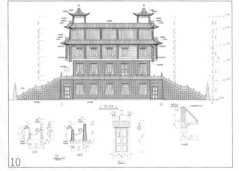

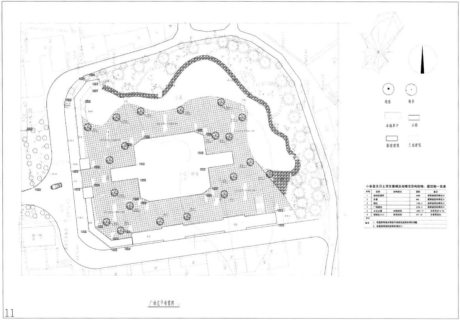

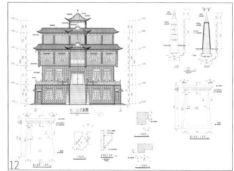

9- 平面图

10、12- 官寨立面图、大样图

11- 广场总平面图

13- 官寨大门透视效果图

14- 主楼透视效果图

15- 正面吊桥透视效果图

16- 修复后的实景图

17- 鸟瞰效果图

18- 剖面图

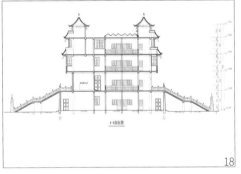

单│位│介│绍

单位名称：四川省大卫建筑设计有限公司

通信地址：四川省成都市天府大道天府二街 138 号蜀都中心 3 号楼 6 层

主页网址：http://www.scdavid.com.cn/

嵩顶国际滑雪基地总体规划设计

申报单位：张家口中雪众源山地旅游规划设计有限公司
申报项目名称：嵩顶国际滑雪基地总体规划设计
主创团队：魏庆华、吴观庭、张佳富、周盼、万晓婷

　　打造世界级全年无休休闲运动娱乐目的地，以冬季冰雪娱乐为特色，以健康生态旅游为主题，以禅文化为精神线索，营建中原地区全季旅游的精彩世界——融休闲娱乐、山地运动、健康养生、家庭度假、商务会议等为一体的山地旅游综合体。

　　项目地处河南省巩义市嵩山北麓，规划面积 94.3hm^2，滑雪道面积 38.87hm^2，斜坡长度 11.7km，落差 272m，滑雪道设计了初、中、高三个级别以及多个娱雪区，可同时容纳 5000 人左右；滑雪场提升设备方面配置了 3 条索道，10 条魔毯。

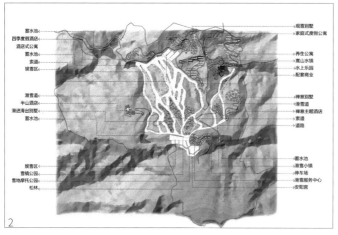

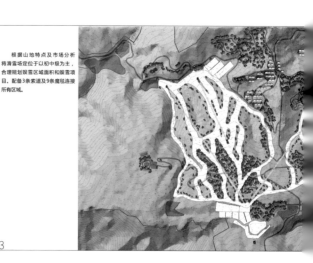

1- 功能分区图

2- 冬季总平面索引图

3- 滑雪场总平面图

4- 效果图

5- 夏季总平面索引图

6- 滑雪场地规划图

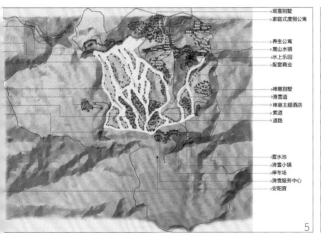

观雪别墅
家庭式度假公寓

养生公寓
嵩山水镇
水上乐园
配套商业

禅意别墅
滑雪道
禅庭主题酒店
索道
道路

蓄水池
滑雪小镇
停车场
滑雪服务中心
安阳宫

5

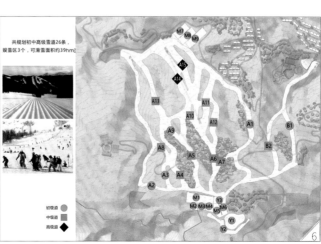

共规划初中高级雪道26条，
娱雪区3个，可滑雪面积约39hm²

初级道
中级道
高级道

6

御道口滑雪度假区总体规划

申报单位： 张家口中雪众源山地旅游规划设计有限公司
申报项目名称： 御道口滑雪度假区总体规划
主创团队： 魏庆华、吴观庭、周盼、郭志、何鹏

1— 效果图
2— 交通分析图
3— 高程分析图
4— 功能分区图
5— 坡度分析图
6— 坡向分析图
7— 总体规划图

　　以温泉养生、原野生活、皇家狩猎、冰雪运动为主，打造御道口皇家级四季旅游度假区。该项目位于承德市围场县御道口乡的西南部，规划面积 174hm²，滑雪道面积 50.37hm²，雪道总长度 15395m，滑雪场规划配置 4 条索道、2 条魔毯。

1

　　御道口滑雪场位于承德市围场县御道口乡的西南部，目前为止进入景区的方式只有公路，铁路和航空都无法直接到达，通过御道口乡的道路只有省道 351 经过，而可以达到景区的道路目前只是乡间小道。
　　御道口至大滩公路连接省道围多线、半虎线及三条县道，辐射围场、丰宁、张家口沽源、张北及内蒙古多伦、克什腾旗等多个县（旗），构成坝上区域较完善的路网体系。可连接京北第一草原、御道口牧场、塞罕坝森林公园及锡盟、赤峰的多处旅游景区。
　　张承高速已经开通至崇礼段，将经大滩、丰宁至承德。

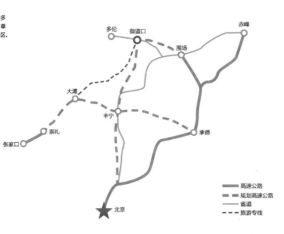

　高速公路
---规划高速公路
　省道
----旅游专线

2

通过高程分析可知，项目西高东低，最高高程 1642 m，整体高差约 397 m，滑雪区域高差 270 m。

3

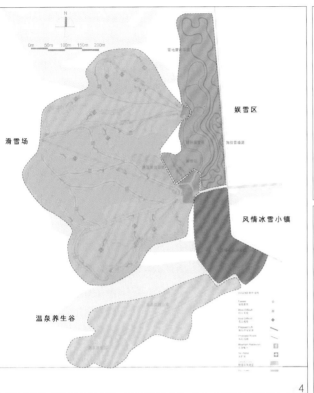

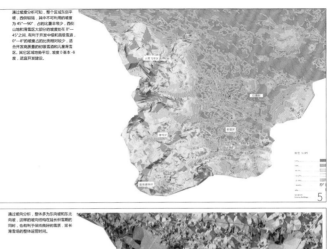

单｜位｜介｜绍

单位名称： 张家口中雪众源山地旅游规划设计有限公司

通信地址： 北京市海淀区清华东路 16 号艺海大厦 1604 室

主页网址： http://www.mt-snow.com/

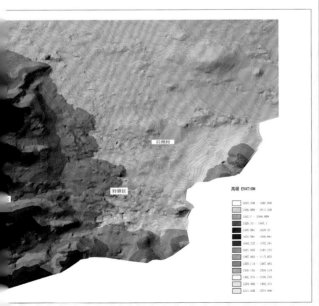

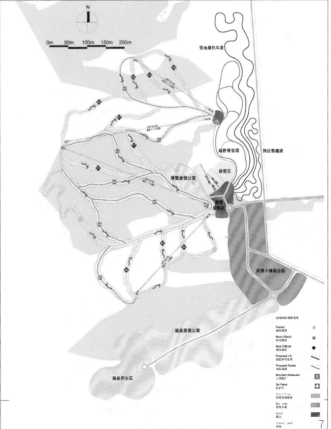

郑州新区龙华中学

申报单位：北京清水爱派建筑设计股份有限公司
申报项目名称：郑州新区龙华中学
主创团队：张灿、王亮、郑宇、蔺学峰、肖楚琪

郑州市郑东新区龙华中学位于郑东新区白沙组团金水大道南、仁和路西片区，建设面积 40387m²，拟规划建设 36 班初级中学，计划招生人数 1800 人。赋予全新理念的龙华中学未来将成为社区及新东区最具影响力的中学之一，对新近城市化周边地区的发展起着至关重要的作用。

自然空间最大化是本项目概念的起点，报告厅和面积较大的非机动车库被抬升的绿坡消化，形成连绵起伏的校园环境，路演、公开课、学术交流可以随时在这个新场景中发生。公共连廊被赋予更多功能，阅览、展示、运动等活动交织其间。多场景可变空间的植入，无形中缓和了教学生活中的紧张氛围。

〉》主要经济技术指标

总用地面积：34357.00m²
总建筑面积：38187.81m²
容积率：0.87
绿地率：35.2%
运动场面积：8428.17m²
机动车总停车位：190 辆

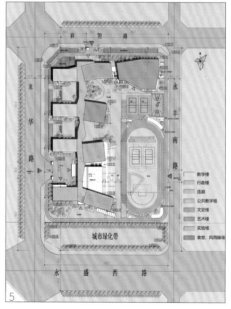

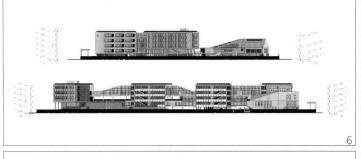

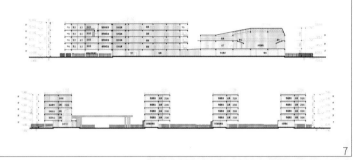

6

1— 一层平面图
2— 二层平面图
3— 效果图
4— 鸟瞰图
5— 功能分布图
6— 东南立面图
7、8— 剖面图
9— 总平面图

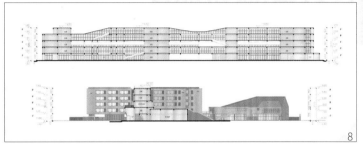

7

8

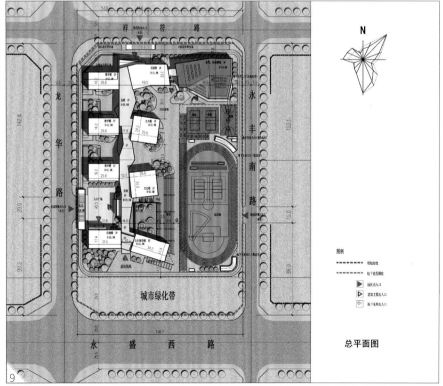

总平面图

9

10、19- 室内效果图

11、12、16、17、18- 效果图

13- 西北立面图

14、15- 推导图

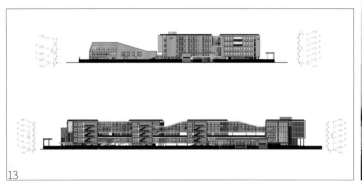

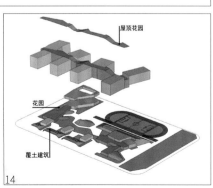

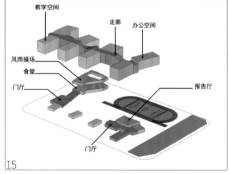

清水爱派®

单｜位｜介｜绍

单位名称：北京清水爱派建筑设计股份有限公司
通信地址：北京市海淀区清华大学学研大厦 A 座 407
主页网址：http://www.tsc.com.cn

深圳中粮大悦城一期

申报单位：开朴艺洲设计机构
申报项目名称：深圳中粮大悦城一期
主创团队：蔡明、韩嘉为、张伟峰、朱锦豪、施晓菡

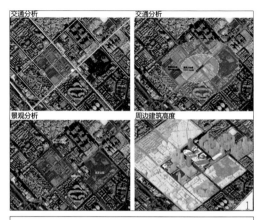

项目地处深圳市宝安25区，位于创业二路与前进一路，地铁5号线和12号线之灵芝站。项目所处地区是宝安最成熟的城区，深圳"三轴、两带、多中心"发展格局交汇点，前海中心一级辐射区域。

该方案总体规划立意为"人居·生态·闲适"，从整体城市空间肌理出发，转译为现代模式化语言，形成独特的规划理念。结合25区规划的大悦城形成整体商业氛围，在裙楼屋顶通过跨越城市道路将花园连接来抬升园林空间，并通过塔楼架空的方式，围合完整通透的内部园林，营造街坊邻里生活氛围，提供健康可持续发展的居住社区。

通过严谨的密度分析和逻辑推导，契合高端住宅区的品质要求，规划方案在04#地块根据用地条件，采用点、板式布局，充分利用东南向和西北向的开阔视野。

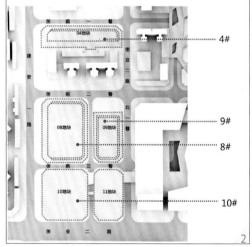

8#地块由三个点式塔楼单元组成，9#地由两个点式建筑塔楼组成，建筑航空限高150m。通过调整10#、11#地块规划与8#、9#地块的建筑塔楼共同形成"C"字形半围合布局，打开东南朝向，在东南，西南，西北三个方向均能让住户拥有良好的视野，建筑高度176m。

〉》项目基本信息

项目地点：深圳市
占地面积：21817m²
建筑面积：213406m²
容积率：6.89

1. 周边情况分析

基地周边交通发达，与地铁5号线和12号线的换乘站灵芝站相聚300～600m之间，步行5～10min即可到达。

景观资源丰富，与灵芝公园和宝安公园相近。

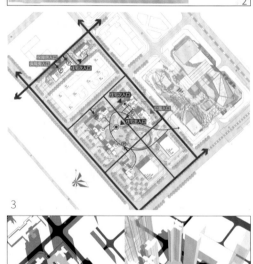

2. 交通流线分析

4#地块住宅楼通过广场形成独立的归家流线；保障房则在沿街面直接布置两个入户大堂。

8#、9#地块由商业屋顶连扳形成统一连贯的屋顶花园，通过8#地块东北侧的主要住宅公共提升大堂，以及9#地块西北角的次要住宅公共提升大堂，到达屋顶花园后分别入户，打造气派独特的归家流线。

4#地块设计地下三层停车库，停车位共290个，两个车库出入

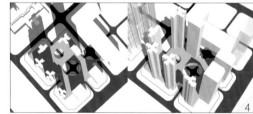

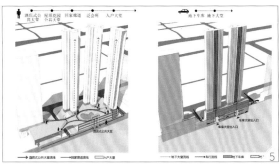

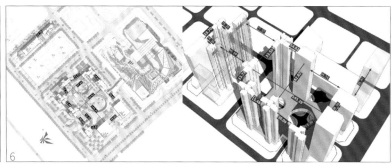

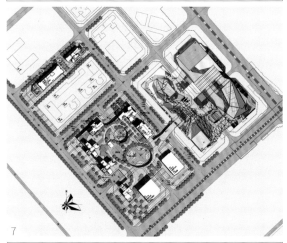

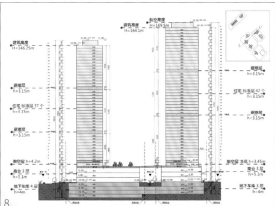

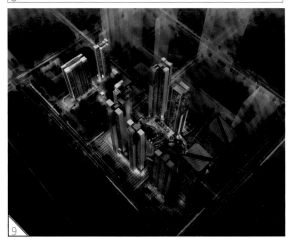

1— 周边情况分析图

2— 地块划分图

3— 交通流线分析图

4— 庭院整体化设计图

5— 回家流线系统图

6— 塔楼间距分析图

7— 方案总平面图

8— 场地剖面图

9— 鸟瞰效果图

口均设置在保障房的裙楼沿街面。

8#、9# 地块设计连通的地下三层，8# 地块局部地下四层的停车库，停车位共 1200 个。并设置三个地下车库出入口。其中两个车库出入口分别设置在 8# 地裙房沿街面较短的东南及西北西两侧，一个车库出入口设置在 9# 地的西南侧，避免了车库出入口对主要商业界面的干扰。

3. 塔楼间距分析

04# 地块点板式布局。08#、09# 地块半围合式布局，庭院宽 82.82m，长 145.39m。

4. 庭院整体化设计

在项目裙楼体量较大，用地面积偏小，被城市道路分隔为几个独立地块的情况下，将 08#、09#、10#、11# 等四个地块的裙楼屋顶联接设计，对部分城市道路做上盖处理，形成小区屋顶花园一体化设计，结合商业广场和驾控平台，避难层休闲绿化空间，形成立体景观体系。

5. 回家流线系统设计

综合设计回家流线系统，以客户回家的路径为载体，为客户提供一组奢华、私密、尊尚的社区场所，一种舒适、尊贵的回家体验。

6. 标志性立面设计

简约时尚的现代主义风格，造型简约干净，凸显时代感的同时不失稳重。

C&Y 开朴艺洲

单｜位｜介｜绍

单位名称：C&Y 开朴艺洲设计机构

通信地址：深圳市南山区学苑大道 1001 号南山智
园 A4 栋 11 楼

主页网址：Http://www.cyarchi.com/

10 ~ 14、16 ~ 19- 效果图
15- 标志性的立面效果图

佛山中海听音湖项目

申报单位：深圳市易品集设计顾问有限公司
申报项目名称：佛山中海听音湖项目
主创团队：许大鹏、李正春、Ruben

西樵镇位于佛山南海区西部珠江三角洲复地，紧邻广州，毗邻香港、澳门，海外侨胞和港澳同胞40多万人。南海西翼片区定位：佛山文旅绿芯和岭南文旅第一极。西樵山公园式国家5A风景区，片区自然环境优越。

基地位于南海区西樵镇听音湖片区南部，距离西樵镇政府3.3km，距离佛山市政府19.6km，距离佛山机场19.2km，距离佛山禅城区东站22.9km。区域到西樵镇政府仅5分钟车程，距离佛山市政府需30分钟车程。整体交通发达、出行方便；公共交通方面，佛山2号线规划将设置听音湖站点，距离项目北侧1km左右；项目旁车站现行公交线路仅有一条，公共交通出行目前较不方便。未来交通规划完善便利。3km可进入广州绕城高速西樵收费站，可便捷到达周边地区。

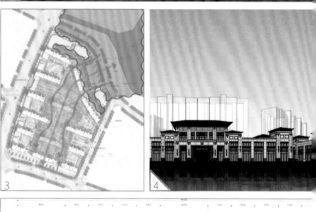

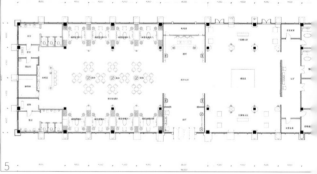

1— 规划总平面图
2— 售楼处实景照片
3— 景观分析图
4— 售楼处立面图
5— 售楼处平面图
6— 功能分区图
7— 售楼处效果图
8— 交通分析图

项目周边 1km 范围内为新区，目前配套较不完善，主要为待发展用地及听音湖文旅用地，除北侧公园在建外，仅用地东侧已建西樵中学；周边 3km 范围内配套较为丰富，各方面配套较为完善。从听音湖板块未来发展规划布局看，其商业服务配套、教育、文化、医疗等配套设施完文善，具有很好的发展潜力。

本地块用地面积为 66752.5m²，西临现状锦湖大道、南临现状西江公路、北侧及东侧为规划道路，尚未建成通车。用地仅西侧、南侧、东侧可开设机动车出入口，北侧不得开设机动车出入口。地块为五边形，南北向宽，东西向窄，基地南北方向高差约 2m。

项目地块北侧有听音湖湖景及公园景观资源，东侧有 5A 级风景区——西樵山森林公园景观，是本案可利用的优质外部景观资源。

从目前中国的建筑现状出发，以现代的平面、空间及西方建筑美学为基础的建筑形式，叠加岭南传统建筑设计元素的手法，应该是目前切实可行的传承岭南传统的现代建筑设计方法之一。这种方法能与我国的建筑现状结合最为紧密；能最好地满足现代的功能需求；能最直接地结合现代的材料及施工工艺。

本项目根据片区定位及周边规划，建议选择第三阶段建筑风格作为原型，以提升项目及城市的档次感。注重现代与传统的结合，体现当代岭南精神；第四阶段作为备选风格。

该项目于 2015 年开始设计，售楼处于 2016 年 7 月对外开放，不分期建设，住宅部分于 2017 年 12 月建成。

14

15

16

17

单|位|介|绍

单位名称： 深圳市易品集设计顾问有限公司

通信地址： 深圳市南山区海德三道天利中央商务广场 B 座 1606

主页网址： Http://www.epgarch.com

三亚海棠湾茅台度假村酒店项目

申报单位： 佰韬建筑设计咨询（上海）有限公司
申报项目名称： 三亚海棠湾茅台度假村酒店项目（豪华精选酒店、福朋酒店、雅乐轩酒店、源宿酒店）
主创团队： 任雷、黄一骏、代宇、毕经轮

项目用地位于"国家海岸"三亚海棠湾南部，有独特景观和新型旅游产品的公共旅游观光胜地及高端滨海旅游度假区。

项目以万豪酒店管理集团旗下顶级品牌豪华精选酒店，五星级品牌福朋喜来登酒店，生态可持续品牌源宿酒店，以及动感时尚品牌雅乐轩酒店，多个酒店品牌形成了一个多元共生的度假村。

整体规划设计以场地特征及品牌特征为切入点，在解读国酒茅台的文化脉络中，以中国传统宫苑格局为摹本的秩序建构，轴线的交织变换、院落的套叠融合，隐喻"国宾盛宴"的茅台文化；而现代简约的空间形象则体现清新的时代潮流和海滨风情。通过茅台文化和中国传统园林布局，营造出文化海棠湾的主题特色。

豪华精选酒店作为核心建筑来提升场地的品质与价值，具有中心性、私密性。以其聚敛小尺度的建筑体量按轴线、序列、廊道、别院的传统中国园林的设计方法来建构，展现其宏大的叙事性。

〉》项目基本信息

项目地点：海南省三亚市海棠湾
建设用地面积：196527.3m²
总建筑面积：149861.7m²
计容建筑面积：78588.67m²
容积率：0.399
建筑密度：19.76%
绿化率：58.20%

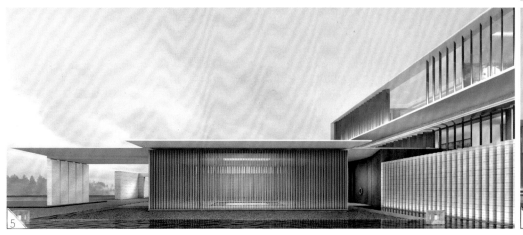

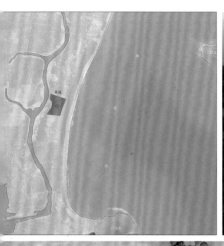

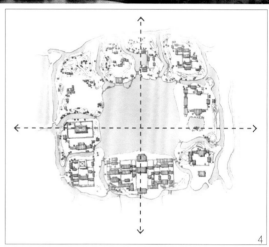

1— 项目用地区位图
2— 日景鸟瞰图
3— 总平面图
4— 设计理念示意图
5— 豪华精选酒店砾石院过厅
6— 豪华精选酒店中餐厅
7— 豪华精选酒店大堂

8－ 福朋入口架空空间
9－ 福朋酒店正立面图
10－ 福朋酒店主入口
11－ 源宿酒店入口
12－ 雅乐轩酒店入口
13－ 福朋酒店大宴会厅

单 | 位 | 介 | 绍

单位名称：佰韬建筑设计咨询（上海）有限公司
通信地址：上海市长宁区华山路 888 号
主页网址：www.peddlethorp.com.cn

成都活水公园改造项目

申报单位：泛华建设集团有限公司
申报项目名称：成都活水公园改造项目
主创团队：彭为民、夏林军、桂莉娟、朱春碧、贾临芳、王亚萍、朱雨珊、甘杰

1. 总体介绍

（1）成都活水公园概况

成都活水公园建成于 1998 年，坐落于天府之国成都市的护城河——府河上，占地约 2.6 万平方米，是世界上第一座城市的综合性环境教育公园，也是目前世界上第一座以水为主题的城市生态环境公园，它由中、美、韩三国环境设计师共同设计，展示着人类、城市、水与自然的依存关系。

2017 年，按照据海绵城市建设和水生态文明建设需要，活水公园进行建园后第一次较大改造。本次改造基本保持了原活水公园水自然净化系统和植物生态系统不变，完善了活水公园尾水回用设施、新建海绵城市系统和公园环境监测和海绵城市绩效监测评价功能系统，形成了较完善的海绵型公园系统和水生态系统。

（2）活水公园水生态系统构建

活水公园水生态系统由污水自然净化系统、雨水自然处理系统、生态河堤系统构成，并同活水公园峨眉山植物生态群落共同构成典型的"山水林田湖"生命共同体的大海绵城市系统。

污水自然净化系统由厌氧池、水力雕塑、植物塘床、鱼池和尾水回用等设施构建而成，每天将 300t 污水通过自然净化到 III 类水。

雨水自然处理系统按照海绵城市理念进行构建，按照"渗、滞、蓄、净、用、排"措施因地制宜建设相应设施，由渗透广场、渗透道路、净化溪流、下凹式绿地、垂直绿化和雨水调蓄等设施组成。通过自然渗透、自然调蓄和自然净化将活水公园 85% 雨水径流进行控制。

1- 活水公园总平面图
2- 环境监测系统图
3- 活水溪流实景图
4- 鸟瞰实景图

2. 节点介绍

（1）渗透道路（透水砖铺装）

通过渗透铺装，使公园改造后的道路达到"小雨不湿脚、中雨不积水"海绵效果，同时也为老城海绵道路改造探索新铺装方式。

（2）活水溪——雨水自然净化系统

活水溪将建筑屋面和广场初期雨水通过自然分离、自然沉淀、自然净化并调蓄利用。活水溪由雨水收集池、溪流净化区、雨水花园、雨水过滤区、雨水调蓄塘（池）、雨水回用系统构成。

（3）活水公园监测系统

活水公园监测系统包含环境监测、气象监测、海绵监测。监测参数共计30余项，为海绵城市等科研机构提供大量科研教育数据，是海绵城市科研试验基地重要支撑。

（4）产学研基地介绍

活水公园作为水生态文明城市和海绵城市先行先试基地，有大量经验和数据为科研机构和社会分享。利用活水公园监测系统研究的海绵城市监测系统、智慧管网系统等，这些成果正同各类企业对接，逐步推向市场，服务社会。随着活水公园积累的数据增大，将会有更多的研究团队加入，更多研究成果进行转化。该项目于2012年开始设计，耗时2年。2014年施工全面推进，耗时3年。2017年8月已成功试运营。

回流锦江　林中湿地
溪流花境
鱼塘花船
　　　　植物塘床
生态河堤
兼氧池　流水雕塑
　　　　　　　厌氧沉淀池
锦江
水车提水

控制中
绿地
水体

自屋檐雨水天沟

雨水立管

植物净化分水管

蓄水式立体绿化箱

碎石带

雨水收集池　　雨水虹吸池　　虹吸管

至净化溪流

8

9

5- 河水净化系统图
6- 海绵体验中心实景图
7- 雨水自然净化系统图
8- 屋面净化系统图
9- 植物塘床实景图
10- 海绵体验中心原理图

绿化浇灌
市政杂用
景观用水
冲洗公厕

雨水回用系统

净化系统　　PP蓄水模块

10

单 | 位 | 介 | 绍

单位名称：泛华建设集团有限公司
通信地址：北京市丰台区南四环西路 188 号 17 区 6 号楼
主页网址：http://www.fanhua.net.cn/

渭南市老城街区域风貌规划

申报单位：上海秉仁建筑师事务所（普通合伙）
申报项目名称：渭南市老城街区域风貌规划
主创团队：郑滢、蔡沪军、瞿子岚、蒋熠、韩耀宗

1.项目背景

　　渭南，渭水之南，八百里秦川最宽阔的地带，谓之"三秦要道，八省通衢"，是丝绸之路经济带的关键起始段。规划区位于渭南城市东入口，沈河以东，拥有周边丰富的生态资源和历史文化资源，是城市与外部联系的重要交通枢纽，承担着城市重要的交通职能。老城区包括文化遗址核心区、宗教文化区、城墙遗址公园区、文化商业体验区、活力休闲商业区、林机场创意园区以及学校保留区，其中包括古城墙遗址、鼓楼、文庙、城隍庙和关帝庙等重要历史文化古迹。

1— 日景大鸟瞰图
2— 黄昏城楼鸟瞰图
3— 三庙雪景鸟瞰图
4、5— 分期建设图
6— 海绵城市示意图
7— 日景鸟瞰图

2. 规划体系结构

老城区风貌规划系统由一核两轴五区七园多点构成，一核是指城墙文化核心区，两轴分别是生态主轴和历史主轴，五区包括历史文化体验区、北部居住区、南部居住区、东部居住区、滨水休闲区。七园分别为东稍门遗址公园、仓颉中化文字园、渭城公园、秦家岭观光园、华夏园、城墙遗址公园、林机厂创意园。该系统框架将文化与生态相结合，遗址和生态相结合，塑造城市形象。

3. 规划风貌分区

规划风貌圈分为三大风貌：老城墙区域为核心风貌区，北侧为风貌控制区，南侧为风貌协调区。核心风貌区修旧如旧，凸显古城风貌，保证传统建筑色彩得到充分尊重。风貌控制区在尊重古城历史风貌的基础上充分考虑新老建筑之间的差异，实现新旧交融展现关中风情。风貌协调区正视新旧建筑差异，建议新建或改造的非传统建筑与传统建筑相协调，风貌多样协调统一。核心区用地以商业文化为主，强调用地的复合开发，内部以低层建筑为主。沿河滨水空间，从低层到多层再到高层逐步过渡。

4. 景观规划

城市景观系统以古城为核心形成城墙遗址公园带，以古城南侧绿地形成中华文字园，古城中心东西向历史文化景观轴，古城西侧河道的生态景观轴，作为区域门户形象展示区，同时结合区域特色渭城公园、东稍门遗址公园、运动公园、秦家岭观景园，形成多点式景观布局。外围地区以住宅用地为主，邻近高速出入口打造电商物流园。

5. 交通体系

为保证核心区交通的可达性，规划中增加次干道和支路与外围交通道路的衔接，林机厂内部园区道路与外部疏通，往西衔接核心区和东稍门公园。

6. 可持续发展

为了实现可持续发展的要求，建设适宜人们生活居住的良好环境，渭南老城区规划中最大限度地保护原有的河湖、湿地、坑塘、沟渠等"海绵体"不受开发活动的影响，同时规划新建一定规模的"海绵体"，以城市建筑、小区、道路、绿地与广场等建设为载体，让城市屋顶"绿"起来，"绿色"屋顶滞留雨水，节能减排，缓解热岛效应，道路、广场采用透水铺装，使城市绿地沉下去。

老城区风貌规划系统由两条轴线和一个核心构成，分别是生态主轴和历史主轴以及城墙文化核心区。该系统框架将文化与生态相结合，遗址和生态相结合，塑造城市形象。

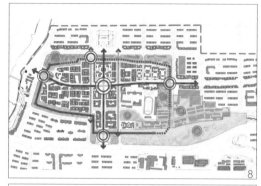

核心区用地以商业文化为主，核心区强调用地的复合开发。往东延伸街道两侧控制为商业用地，保障区域的风貌协调整体性。保留中医院、瑞泉中学、文物用地和林机厂。其中林机厂有机更新为文化创意用地功能。党校调整至核心区北侧中央地块。城墙遗迹打造环形带状公园绿地，东南侧结合地形打造中华文字园公园绿地，作为区域门户形象展示区。

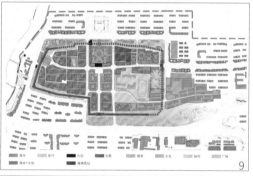

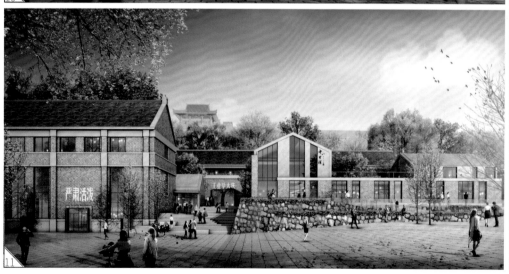

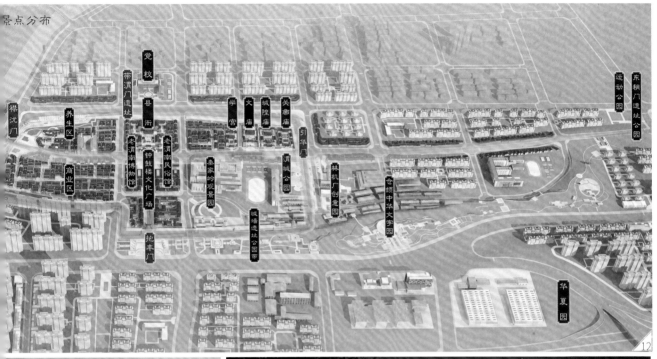

景点分布

DDB

上海秉仁建筑师事务所
DDB ARCHITECTS SHANGHAI

单 | 位 | 介 | 绍

单位名称： 上海秉仁建筑师事务所（普通合伙）

通信地址： 上海市吴淞路 575 号 – 虹口 SOHO 1001 室

主页网址： http://www.ddb.net.cn/

广西壮族自治区梧州市苍梧县新县城城市设计及风貌特色规划

申报单位： 贵州天海规划设计有限公司
申报项目名称： 广西壮族自治区梧州市苍梧县新县城城市设计及风貌特色规划
主创团队： 伍新凤、伍婧琳、张静雅、张圣琼、张英

苍梧新县城的城市设计遵循"把劣势变优势，把优势变特色，把特色变唯一"的理念，把苍梧特有的历史文化、地域文化、建筑文化、自然山水文化、生态文化等融入规划设计中，打造一座在全国独一无二、不可复制的新城，以其全新的形象立足于珠三角区域。

1. 总体定位

融绿色、生态、文化，山水相融、城景相依、文化铸魂、品牌引领的现代田园风光城市。

2. 形象定位

古韵茶香飘苍梧，现代田园揽今风。

3. 功能定位

在分析论证的基础上，构筑一个集居住、行政办公、商业服务、文教娱乐、旅游为一体的智慧之城；遵循"可持续发展"的方针及近远期相结合的原则，逐步建造功能合理、设施完备、生活便捷、环境优美，既具有时代特征，又具备地方文化品质的怡居、逸游、宜业的新型田园风光城市。

4. 空间格局及用地布局

该设计真实反映了城市空间与自然环境的关系，空间层次清晰，更加注重天际轮廓韵律感和层次感，结合自然丘陵地貌特征，形成赋予地域特色的城市开敞空间。

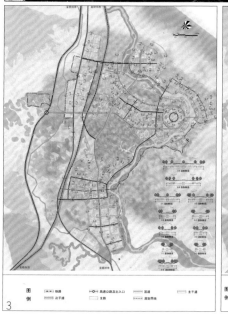

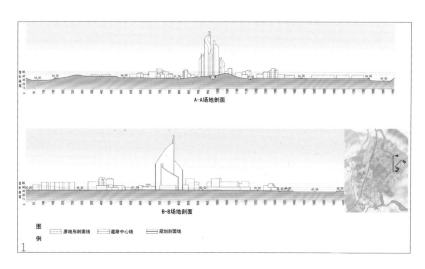

1- 场地竖向剖面图
2- 综合服务区鸟瞰图
3- 道路交通分析图
4- 景观系统分析图
5- 总平面图
6- 功能分区图

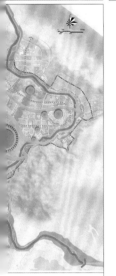

在空间格局方面，在总体规划"两片、一心、一廊、多点"的基础之上增加"一园——紫金文化园"的概念，建设新苍梧旅游城市的核心景点，并且作为连接新老城区的纽带。

在用地布局上，重点打造"一廊"：东安江生态休闲廊道。增加滨河商业景观带，突出苍梧滨河现代的商业氛围与旅游休闲功能，提升滨水景观的资源价值。

强化"一心"：城市综合区。为了凸显城市的核心价值，彰显城市魅力，调整综合核心区的位置至滨河商业景观带相连接的地方，使综合核心区更加整体，合理地从综合区扩散到滨河景观商业区。同时以环形放射的路网形式和用地布局来突出城市综合区的向心力和焦点。

5. 道路系统

在交通组织上，为了实现项目的整体定位，以及综合服务区的用地布局形式和焦点作用，根据总规的路网，适度地调整了新城核心区的路网，新城核心区以圆形放射状的路网形态体现，能更好体现生态城市的视线通透性，展现城市良好的视觉、视景效果及城市良好的气流循环效果。

同时，为了更好体现城市核心区的主导地位，以圆形放射状"聚宝盆"路网形态来塑造核心区的价值。该设计进行了专门的居住模式研究，结合新城目前还是一片空白且拥有大量基本农田的客观实际情况，致力营造最适宜人居的理想居住环境，寻求适合于丘陵城市新城的居住模式，因此引入"田园社区"的设计理念。

〉》项目基本信息

项目地点：广西省苍梧县新县城

总规划面积：20km²

建筑：（1）体量分类准则：建筑物的整体尺度应依照城市设计有关控制要求执行，以保证正常的土地开发秩序，形成协调的建筑物群体形态。

（2）建筑体量：为形成体量分明、主次分明的多层次建筑体量序列，根据建筑物在同一平面的总面宽和最大对角线的尺度范围，建筑基本体量分为小尺度、中尺度、大尺度三种，并分别进行体量控制。

7、9、11- 综合服务区局部鸟瞰图

8、10- 综合服务区透视效果图

12- 文化核心区艺术馆鸟瞰图

13- 综合服务区中心建筑效果图

14- 西立面图

15- 南立面图

16- 东立面图

17- 北立面图

18- 文化核心区科技馆透视效果图

19- 文化核心区博物馆鸟瞰图

20- 文化核心区图书馆鸟瞰图

单 | 位 | 介 | 绍

单位名称：贵州天海规划设计有限公司

通信地址：贵州省贵阳市乌当区火炬大道中段阳晨
　　　　　总部基地 A 区 19 栋

主页网址：http://www.gzthgh.com/

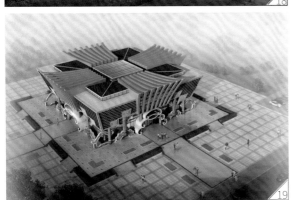

东坪和苇地沟及周边改造提升规划

申报单位：北京清华同衡规划设计研究院有限公司
申报项目名称：东坪和苇地沟及周边改造提升规划
主创团队：李汶、李仁伟、邓宇、姜元、陈潮旭

东坪两村及周边改造提升规划项目位于河北省保定某县城境内，具有典型的沟域地貌特征，具备生态环境条件好、自然风景优美、旅游资源相对丰富的优势条件，以自然山水观光和农业种植业为特色。规划通过对现实发展情况的分析，遵循上位规划的指导，结合区域规划愿景，提出规划设计策略，形成能够指导下一步沟域建设的可行性方案。

项目的关键在于发挥其晋冀门户、靠近强势旅游资源和生态基底良好、水资源充沛等优势，抓住古御道文化延伸的主题，构建农业休闲游、红色经典游、生态康养游、宗教文化游等多层次旅游产品体系。通过改造提升规划培育相关旅游产业链发展，深入挖掘红色文化、民俗文化、生态文化、宗教文化等文化资源，依托对文化资源的研究、整合、加工、创造，推动文化创意、民间工艺、演艺娱乐等文化产业在文化产业基地、民俗文化村的集聚发展，助力区域扶贫发展。

为充分发挥本底资源和周边强势资源，进行整合利用。规划将项目定位为打造"乡野识御路，东坪净心谷"。以乡野御道为主题，作为御道文化带的重要延伸。区域内串联白衣寺和歪头山等节点，构成华北著名金色旅游品牌古御道的外围游线。区域以感受乡野风貌、生态水景、民俗文化、静修艺术的乡野御路为特色。依托关城文化和宗教文化建成为旅游古镇，沟域自身以优良的生态环境为基底，自东向西，划分生态休闲、民俗田园、静修艺术等主题；形成从城关历史文化到乡野自然体验，从热闹到安静的过渡。

根据区域的特点，将东坪两村及周边区域重点打造一轴、四区、三节点。一轴为乡野御道，将沟域打造为乡野御道主题沟域。融入北流河沟域发展轴，形成乡野风貌、生态水景、民俗文化、静修艺术的特色沟域。

其次，整体沟域采取分段打造、引擎带动的发展策略。沟域地段整体营造热闹的空间感受，由热闹向静谧过渡。将区域分为四大主题分区，体现沟域段落不同特色。包括体现盛世——古镇历史体验区；社火——乡野田园休闲区；人家——文化禅养体验区；仙境——静修艺术区。

此外，为有序推动项目实施，提高可操作性，规划设置了引擎带动项目，带动区域整体发展，凸显沟域特色。详细设计了包括白衣寺景区、静修酒店和洞穴酒店在内的三大重要节点，成为区域引爆点。

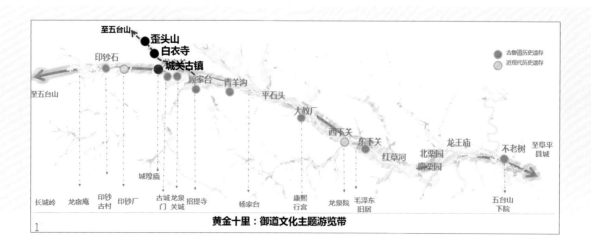

1　　**黄金十里：御道文化主题游览带**

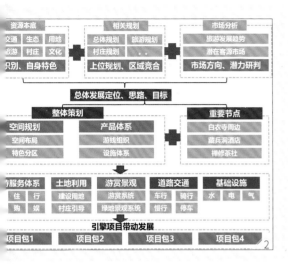

1— 规划总体定位示意图
2— 规划技术路线示意图
3— 规划总体结构示意图
4— 规划总体平面示意图

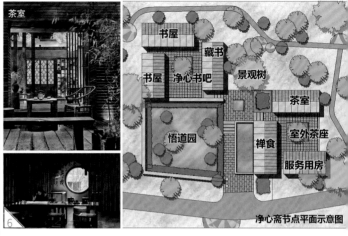

茶室

书屋
藏书
书屋 净心书吧 景观树
茶室
悟道园 室外茶座
禅食
服务用房

净心斋节点平面示意图

5— 静修酒店节点平面示意图
6— 净心斋节点平面示意
7— 白衣寺整体提升改造平面示意图
8— 旅游线路规划示意图
9— 旅游服务体系规划示意图

院内环境

院门院墙

室外茶座

清华同衡
T·H·U·P·D·i

单｜位｜介｜绍

单位名称：北京清华同衡规划设计研究院有限公司
通信地址：北京市海淀区清河嘉园东区甲 1 号 B 座 17 层
主页网址：http://www.thupdi.com/

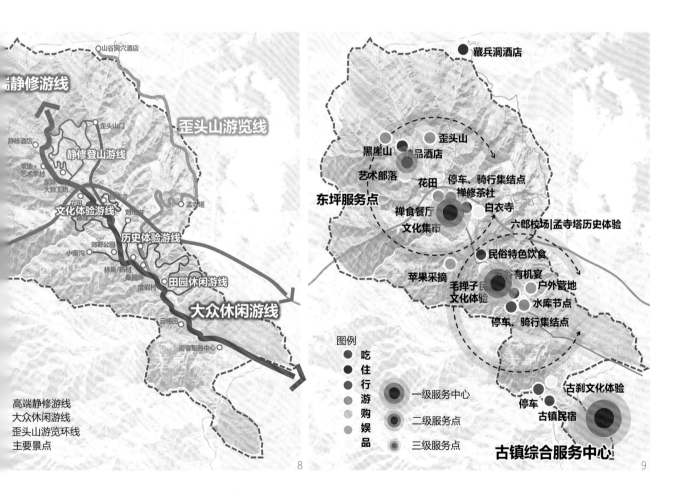

8

9

贵州独山生态艺术度假小镇

申报单位：北京东方创美旅游景观规划设计院
申报项目名称：贵州独山生态艺术度假小镇
主创团队：张亚权、胡鹏、傅德龙、乔旭红、王斐

叶上乾坤生态艺术度假小镇位于贵州省黔南州独山县影山镇独山城乡统筹试验区内，地处贵州最南端，与广西南丹县接壤，占据了正在建设中的净心谷景区的核心位置，是整个净心谷景区的重要组成部分；该项目规划范围内包括一个核心茶田、多个村落如拉洗村和达头村，其中核心茶田占地约 1000 亩。

叶上乾坤生态艺术度假小镇以国家大力促进旅游的政策为引领，以自然生态为理念，以净心谷景区的核心组成部分为背景，以保育良好的山、谷、水、林、田、茶、石等资源为本底，采用创意化、艺术化、景观化的规划手法，通过靓山、美田、秀水、创艺茶园、活化村寨、点石成金来重新塑造一个涵盖自然、人文、产业等不同功能的精致化、高品位、艺术级度假项目，打造成为我国知名艺术级度假区。同时赋予整个景区"叶上乾坤·乾坤叶子"的形象定位及项目案名。

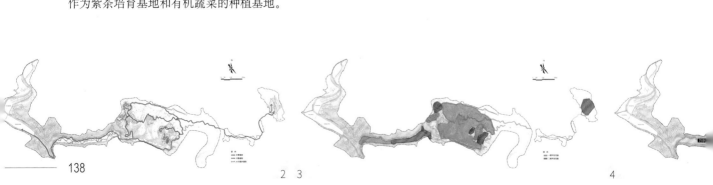

按照园区资源分布的特殊形态，功能布局巧妙独特，通过导入茶品种，创意茶园景观，形成"三山五叶"的空间结构，三山即"茶山、红豆杉（山寨）、水族山寨"，五叶为"茶叶、花海、药草、红豆杉、有机果蔬"，从而构筑起"四区一基地"的功能分区，即"百叶乾坤·万茶园创艺景观区、山家·茶田休闲度假区、墨守·传统生活体验区、南国·石渡养生区和泉水种养产业基地"的五大功能分区。

百叶乾坤·万茶园创艺景观区是景区的第一印象区，涵盖世界上百种茶叶品种，在百亩的范围内将其分为"绿茶、红茶、黄茶、乌龙茶、紫茶、黑茶、白茶、药茶"八个种植板块，并沿路打造花茶景观种植带，形成九大茶叶品种的汇集；同时创意打造"红妆浮桥"、"阶绿"等茶园景观节点，使其成为集茶文化科普体验、景观观赏、休闲娱乐于一体的世界茶品种基因库、中国首个景观创意茶园。

山家·茶田休闲度假区是该项目休闲度假体验的核心区，项目将打造一种茶田生活劳作、主题静养修行的全新主题生活方式，提供在多种茶田中休闲度假的体验。

墨守·传统生活体验区是以现有水族村寨为载体，复兴传统水族生活方式，以水族餐饮、建筑、服饰、生活习惯和文化风情为本底，形成相对高端私密，以餐饮、民宿为主要业态的生活方式体验区。

南国·石渡养生区以千年对望红豆杉树为资源优势，充分挖掘红豆杉药用价值，并以村庄现存巨石为创意灵感，保留村落现有肌理，结合现状村内保存较为完好的传统建筑打造野奢酒店，结合达头村私密幽闭的环境，对村内景观环境进行重塑，为游客提供高端配套服务，将达头村打造成高端健康养生疗养区。同时依托达头良好的生态环境，作为紫茶培育基地和有机蔬菜的种植基地。

2 3   4

1— 鸟瞰图

2— 交通分析图

3— 分期开发图

4— 功能分区图

5— 景观系统图

6— 空间布局图

7— 万茶园效果图

8— 游客服务中心效果图

9— 鱼庐美食街效果图

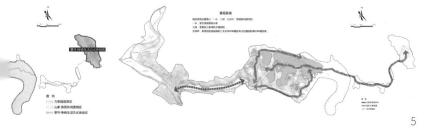

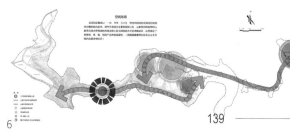

5 6

10- 温泉酒店效果图

11- 筑茶营地效果图

12- 巨石酒店效果图

13- "净夜思"建筑效果图

14- 帐篷穴居酒店效果图

15- 十里亭改造效果图

单 | 位 | 介 | 绍

单位名称：北京东方创美旅游景观规划设计院
通信地址：北京市朝阳区东北三环第三置业大厦 A 座 7 层
主页网址：www.ocbbj.com

苏州太平书镇规划设计

申报单位： 深圳毕路德建筑顾问有限公司
申报项目名称： 苏州太平书镇规划设计
主创团队： 杜昀、林晓梦、刘德良

　　该项目以"书"文化为灵魂，以人文体验与古镇旅游为主体，将古镇旅游＋文化创意产业作为核心主导双轮驱动的复合小镇，打造乐业、乐游、乐居、乐创的特色小镇。

　　设计以水为界面生成多个片区，呼应太平镇"枕水而居"的村落模式，"业＋住＋游"功能完善。通过拆除部分旧民居疏通道路，并呈梳式朝河岸打通，联动其原有的街巷肌理。

　　沿开放空间设置片区公共活力核，并以主入口为起点，以书文化为线索打造一条太平古镇文化的主游览体验路线。

1－ 老街鸟瞰图
2－ 老街沿河效果图
3－ 苏州太平书镇鸟瞰图
4－ 整体鸟瞰图
5－ 景观结构图
6－ 功能分区图

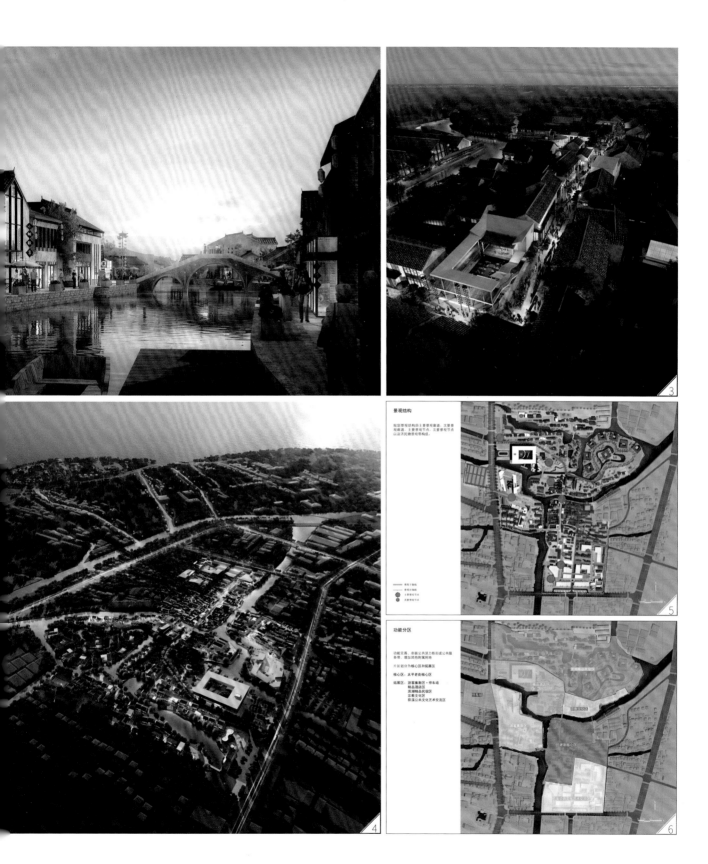

苏州太平书镇书香客栈建筑设计

项目名称：苏州太平书镇书香客栈建筑设计
建设单位：苏州市相城区太平街道党工委

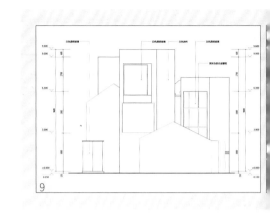

　　整个房屋由三个棱柱体组成，通过零散的自由分布，形成了一系列内外灵活的动线，柱体之间由梯子相互连接。这些柱体有的用作生活空间，有的成为青年旅社客房。项目反映出有限与相容的概念，这些棱柱体的构成定义了自我吸收与自我填充的规划概念。

〉》项目基本信息

建筑面积：87.6m^2
项目性质：度假酒店
项目位置：江苏苏州
设计时间：2016 年

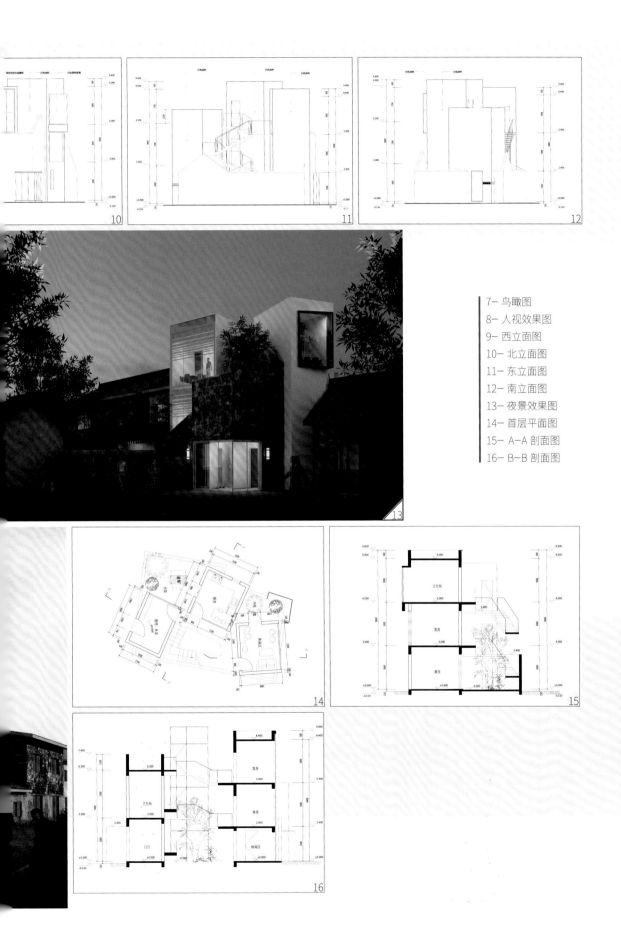

7— 鸟瞰图

8— 人视效果图

9— 西立面图

10— 北立面图

11— 东立面图

12— 南立面图

13— 夜景效果图

14— 首层平面图

15— A—A 剖面图

16— B—B 剖面图

苏州太平书镇书香小院建筑设计

项目名称： 苏州太平书镇书香小院建筑设计
建设单位： 苏州市相城区太平街道党工委

设计引用"落地生根"的理念，凌空于中庭之上的书吧在视觉上统领书香小院的建筑群，沟通书吧的竖向交通。在建筑内部则转化为铺展开的廊道，连接出入口和竖向交通，串联起各个分散的内部空间；新旧墙体穿插，将新引入的流线和历史建筑有机地融合在一起。

〉》项目基本信息

建筑面积： 459.1m²
项目性质： 度假酒店
项目位置： 江苏苏州
设计时间： 2016 年

17- 俯视效果图
18- 鸟瞰图
19- 人视效果图
20- 首层平面图
21、24- 展开立面图
22- 剖面图
23- 屋顶平面图

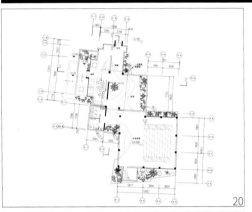

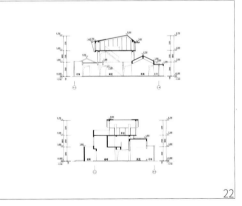

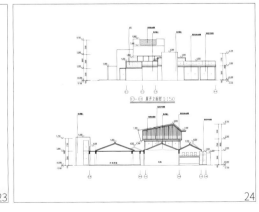

单｜位｜介｜绍

单位名称：深圳毕路德建筑顾问有限公司

通信地址：深圳市福田保税区黄槐道三号深福保科技工业园 AB 座二楼

主页网址：www.blvd.com.cn

重庆秀山川河盖景区草原花海方案规划

申报单位：深圳市诺亚环球景观规划有限公司
申报项目名称：重庆秀山川河盖景区草原花海方案规划
主创团队：杨沂、吴俏、郑玉姣

　　川河盖景区位于重庆市秀山县涌洞乡境内，距秀山县城约40km，是渝东南唯一高山盖坝生态景观区。川河盖花海是景区传统名片项目之一。

　　目前川河盖景区有花海的口碑品牌，但震撼度不足、观赏覆盖期短，有品牌退化的担忧。另一方面花区范围不清晰，散布较大，缺少细分差异；与此同时各种天然花卉分布较散，质量退化，难以形成规模效益，旅客体验感较弱，多个景点均停留在看花拍照的初级阶段。因此提出了采用自然性的花海和产业性或园艺性的景观两种模式结合营造花海景观。改造现有川河盖草原花海，完成自身蜕变成为大武陵景区展示"高山花海景观"的重要旅游节点，同时也是川河盖4A旅游景区的一大爆点。

　　考虑到景区的运营与维护，设计以修复自然映山红花海为基底延续提升现有高山草原花海。考虑到周边花海项目同质化竞争的情况，设计做到"第一、唯一、专一"三大极致特点。

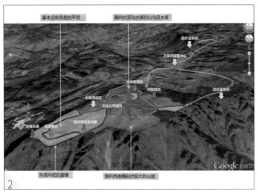

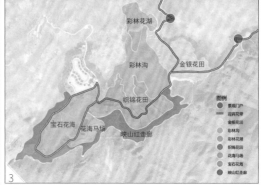

1- 织锦花田效果图
2- 现状地形分析图
3- 功能分区图
4- 功能活动分析图
5- 交通流线图
6- 入口大门效果图
7- 鸟瞰效果图
8- 总平面图

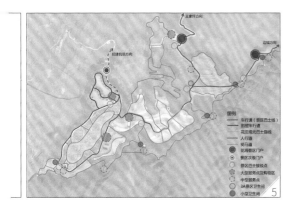

"第一"即首创，景区考虑园艺农业花海与自然花海结合，种植品种精心考虑花景覆盖时域长、类型多样、生态科普于一体、鲜花产业结合的花海。

"唯一"即排它性，利用川河盖自然原始地貌特征，打造形成中国西南部唯一一个兼具"草原花海、山地花海、田园花海、彩林花海"全年花开的高山花海群落。项目可实现"到川河盖花海一日游遍全川渝万千花海"。

"专一"即希望以游客体验为聚焦做到极致体验的花海、采摘、手作、美食、养生、马背漫步等成为最真实的体验。结合景区运营及文化策划，打造充满活力及体验的花海景区。

该设计分为近期实施和远期实施两个部分。近期着重道路梳理及村落整治，着重可行性实施、短期内形成一定的景区形象。远期结合生态修复及高山花卉农业开发，形成具有体验性及运营性的花海旅游景区。项目从 2016 年底开始策划，目前已经完成近期实施目标，逐步向远期建设目标推进。

秀山川河盖草原花海以川河盖奇特的地质和丰富的资源为依托，发掘现代人群，特别是城市人群对浪漫花海的追求和向往，着力打造川河盖花海最"醉美"的名片！

9— 彩林花湖改造效果图
10— 金银花田效果图
11— 花海迎宾标准段
12— 珍宝花海鸟瞰图
13— 四季观花区域划分图
14— 织锦花田现状改造图
15— 四季观花品种图
16— 花海休息区效果图
17— 婚礼走廊鸟瞰图
18— 织锦花田平面图

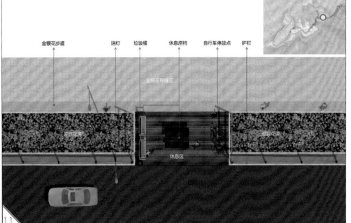

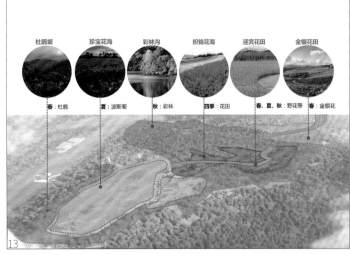

迎宾花带	彩林沟	金银花海	织锦花田		珍宝花海		杜鹃坡
			羽衣甘蓝、银叶菊	三色堇		报春花、一串红	
矢车菊	大叶早樱、桃花						
菊	金盏菊	金银花	樱花	褴褛菊考、月季、美女樱、金香	美郁	二月兰、紫花地丁	湖北贝母
蛇目菊、黑心菊	映山红　马蔺	金银花	樱花、波斯菊			夏枯草、马蔺	映山红
	马蔺	金银花	蜀葵、波斯菊	金盏菊、皇帝菊			
草、黑心菊		蜀葵、波斯菊		柳叶马鞭草、蓝花鼠尾草	向日葵、孔雀花	百日菊、醉蝶花	波斯菊、新落妇	一年蓬
	硫华菊　黑心菊					波斯菊、新落妇	一年蓬、狼尾草
菊	硫华菊	波斯菊		地肤、串红、冠花葵	一鸡冠葵蜀	黄菊、鸡冠花、孔雀草	波斯菊	狼尾草
	乌桕、枫香、黄连木			桔梗、风毛菊、绣线菊、马蔺			
				羽衣甘蓝、银叶菊	报春花、一串红		
蓝紫色系列	蓝紫色系列	黄色系列		红黄彩林色		白色系列	

15

NOAH Global (HK) Limited
Landscape architecture . Urban des

单｜位｜介｜绍

单位名称：深圳市诺亚环球景观规划有限公司
通信地址：深圳市南山区沙河街道华侨城香山东街东部
　　　　　工业区东北 A4 栋 502C-3
主页网址：http://www.noah.net.cn/

16

17

18

无人机产业化示范基地概念方案设计·翱翔小镇

申报单位：上海中建建筑设计院有限公司西安分公司
申报项目名称：无人机产业化示范基地概念方案设计·翱翔小镇
主创团队：李澎、赵绒、王靖

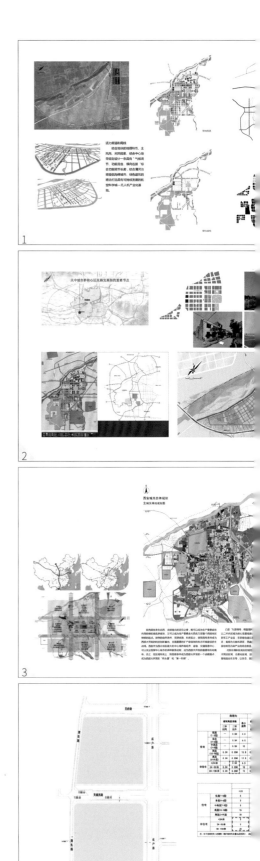

该项目位于西咸新区沣西新城，沣西新城立足陕西，建设西安国际化大都市的重要板块和引领区，树立现代田园城市新标杆，引领西咸，建设高新技术研发和现代服务区聚集区，打造区域经济增长新引擎，统筹发展新典范。

项目位于咸户路以西，天府路以南，天元路以北，紧邻渭河和新河两河交界处，南北纵向延展 1075m，东西横向跨度 420m，总占地 605 亩，区域现状以农田为主。

沣西新城地理位置优越，立体式交通网络四通八达。六条高速公路穿境而过，快速干道、地铁、公交、BRT 等各种交通工具线路完备。

1. 在该地形中所产生的主要矛盾和问题

（1）地形呈长方形状，较为规整且道路之间互相平行，这种较为规整的地形在规划上要想出彩反而更为困难。因此这要求在设计中既要解决好规划建筑物面向城市一侧的景观和格局，同时要参考工艺布局更好地利用土地资源，以保证建筑物体形间的关系同时便于产业和工艺的布置。

（2）项目位于咸户路以西，天府路以南，天元路以北，紧邻渭河和新河两河交界处，周边环境较好，外界不存在对基地的影响因素。

（3）由于场地被天雄西路一分为二，使得场地建设的统一性受到影响，应对场地的分期开发、土地的利用及内部道路系统的完整性做出统一而又有可实施性的分期开发设计。

（4）由于场地位于西咸新区沣西新城的西北角，紧邻渭河和新河两河交界处，场地内砂层较浅且地下水位较高，对结构设计既有不利因素也有有利因素，在设计中要有效利用这些条件。

2. 总体立意

古往今来人类向往天空的梦想就从未停止过，渴望如同飞鸟般天空翱翔，直到 1903 年莱特兄弟试飞成功人类飞行史迈进了新的篇章，100 多年来从飞行到升入太空，从优秀飞行员到无人驾驶……

由于该项目定义为无人机产业化基地，无人机系统的设计与制造属于高新技术装备制造业。所以从规划上说总体立意的出发点就应该从原生态链中提取重要的元素进行升华和精炼，而其概念的外延应向环保、生态、绿建、节能等各个轴向延伸，因此结合地形场地的形态提出整个项目的规划立意为流动。

从飞机起飞所形成的线性气流得到"流动"的设计元素，它代表开放、先锋、融通、生动的时代风格，同时也符合无人机产业化这一高新、先进科技前沿产业的特性。

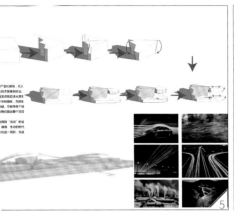

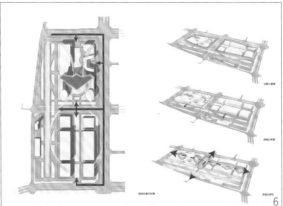

1、2、3— 区域认知图
4— 场地认知图
5— 项目认知和规划理念图
6— 总平面分析图

3. 总平面布置

在总平面布置中首先考虑总体立意的要求，使得总平面形态构成能够意向地反映流动这一立意，同时还要兼顾在地缘性分析中提出的矛盾与问题。作为产业园区，最重要的还是园区内部的功能分区以及交通系统的组织流线，采取了如下措施解决这些问题：

（1）按照场地的现有条件，将天雄西路以南规划为二期，而将北侧区域划分为一期，目前从上位规划来看，天雄西路在项目用地这段为端头路，未来是否还向西延伸未知，因此，本次规划暂时将两块地按一块来考虑，将天雄西路也考虑在规划中，不做建筑规划而是将其设计为项目的一个景观节点——连接一二期的礼节性广场，硬质礼节性广场得以留出适当的修改变化余地。

（2）该设计在功能规划上遵循园区以形成的"建设九个功能区域"准则，同时将整个园区总体规划为涉密区和非涉密区两个部分，整个项目将以此为出发点进行规划建设

（3）整个园区由四个出入口构成，北侧天府路为一期园区的主入口，主要用于车流入口，东侧咸户路入口为研发中心入口，主要供研发人流使用，使生产区与研发中心之间流线更为清晰。天雄西路礼节性广场入口是连接一二期及实验跑道的重要入口，同时也是重要的工作人流、参观人流入口，而南侧天元路出入口主要用于二期车流物流的出入口。

（4）该设计从规划角度来讲为一轴一带一核心，整个项目两块用地由一条景观带南北贯穿。由于项目有实验跑道，因此大部分绿化均为缓冲绿带，中心位置布置核心景观带，以水系、灌乔木、林带作为呼应搭配建筑。而核心建筑如即将起飞的无人机般滑行于绿带之上。

（5）场地内主要物流通道沿核心绿地呈环形布置，采用双向循环模式。平行于50m试验跑道东侧的南北贯穿道路为18m净宽，双侧各有2m的缓冲带。主要道路净宽8m，双侧各有2m的缓冲带，其主要道路为可承载40t 5轴以上车辆交汇使用，而缓冲带则以普通道路模式形成，这样在极端条件下道路宽度可高达12m，完全可以承载3～4排大货车同时并列。以解决整个园区的一级物流系统及消防问题。

4. 节能环保前提下的建筑设计原则

该设计为无人机产业化基地，无人机系统的设计与制造属于高新技术装备制造业。在无人机研制过程中，有环境污染或高能耗的制造工序全部采用依托社会优势力量外协加工，如制造中的热处理工序。对于不能外协制造的零部件生产，积极采取措施，使得制造过程能够符合国家规定的各项标准，如发动机试车降噪处理等。在节能环保方面除了降低本行业工艺要求所造成的环境影响及污染外，同时对于新技术的运用降低能耗方面也需要着重考虑。

（1）对污染的控制

该项目在对危险品的储存、废水的净化、废气的处理、排水管道的布置和铺设、对噪声的控制在设计之初都将进行考虑。

预先考虑使用功能及空间变动和更换。规划能够灵活应对建筑空间变动和更换的基础设施，满足建筑需求和功能变化的适应性，在注重可持续性和绿色建筑的同时，保持其他主要设计目标之间的平衡。

（2）新兴技术的运用

该设计在建筑中运用新材料和高科技，力求减少能源损耗和运营成本，利用外墙结构技术措施来实现节能的目的，同时在建筑的顶部安装太阳能电池板来进行节能。如：在会议中心、研究中心采用太阳能热水器来利用太阳能源。太阳能热水器由屋顶的光面收集器和预热储水槽组成，液体泵送入太阳能收集器进行加热，然后返回热交换器，利用液体的热量来加热预热储水槽里的水。这一系统不仅保证了大部分建筑的热水供应，还具有低成本运营的特性。

厂房部分也使用其作为屋顶覆盖层。太阳能系统可通过以下方式与屋顶结合：

安装在平屋顶上，通过结构和附加的重量以及热焊接与平屋顶膜相结合，来保护其不被大风掀起。

在外墙设计上可选用高性能的玻璃和横向线条的板来过滤阳光，同时不会对建筑照明产生影响，解决太阳和热增量问题。一个典型的研发空间及实验室建筑能耗量通常是办公建筑的 3 倍左右，需要较大的电力支持及不间断的电源供应。在全球能源紧张的今天，作为无人机产业化基地项目更需满足项目环境的可持续性设计。

（3）可持续性特征

建筑朝向减少了夏季的热增量；具有高反射率的太阳能板屋顶再吸收太阳能源；所有区域都享有自然采光，减少照明所需能源；设计雨水收集装置，导入蓄水池，帮助恢复地下水，丰富周边景观土壤；外部交通、楼梯及合作空间无需空调，减少能源消耗。

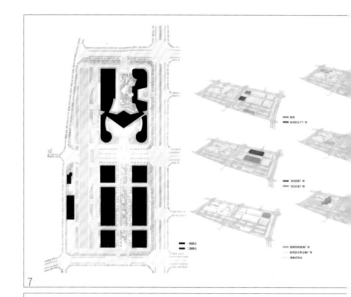

7

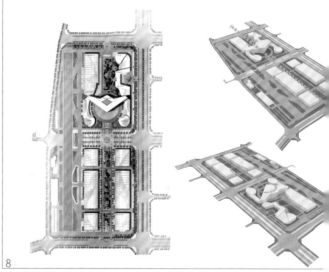

8

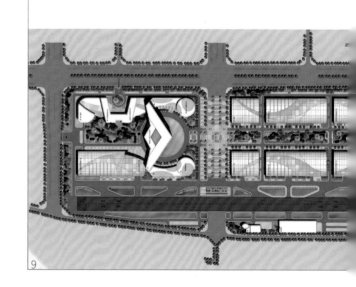

9

7- 总平面分析图
8- 景观分析图
9- 总平面图
10、11- 鸟瞰图
12、13- 效果图

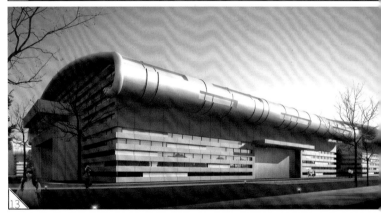

单 | 位 | 介 | 绍

单位名称： 上海中建建筑设计院有限公司西安分公司

通信地址： 陕西省西安市高新区高新路 88 号尚品国际 B
座 18 层

主页网址： http://www.shzjxa.com/

济南大华龙洞紫郡项目

申报单位：夏恳尼曦（上海）建筑设计事务所有限公司
申报项目名称：济南大华龙洞紫郡项目
主创团队：周育祺、夏坚靖、袁龙

1. 规划设计

　　泉城济南人杰地灵、物产丰厚，为山东省省会及区域政治、经济、文化的中心。经过改革开放三十年的高速发展，这片古老的大地在保持地方特色的同时，正发生着翻天覆地的变化。随着经济的持续快速发展，人民生活水平普遍提高，百姓改善居住条件的欲望空前高涨，房地产市场方兴未艾。沿着"十一五"规划蓝图所示的方向，济南城市建设在高效而有序地向前推进。

　　该项目位于山东省济南市历下区，地块东侧为大辛河及龙鼎大道，南侧为规划路及山体，西侧为规划路，北侧为规划路。现状南北向主干道龙鼎大道经过基地东侧，该龙鼎大道北接旅游路，向南通往龙洞风景区，是该地块通向城区的主要交通干道。

2. 总体规划原则

　　风格化：全力打造一种独特的空间环境与建筑风格，是该项目规划设计的追求之一，在强调居住空间功能舒适性的同时强调形象和环境的精致，打造独一无二的精品住宅社区，使之成为新区建设的亮点。

　　生态化：该案周边有良好的自然环境，如何营造小区优美、舒适的居住环境，提升区域的城市形象和品质，也是该项目规划设计主要任务之一。力求把整个小区规划设计成一个花园型的居住空间，利用好每一寸用地资源，打造生态园林型宜居空间，使建筑与生态环境互为背景，相互渗透和融合，寓诗于园，寓情于景，创造优美的居住与生活环境。

　　人文化：该地块位于城市新开发区，城市文明和人文环境都比较薄弱，因此，小区规划设计中的文化积淀和营造也是中心内容之一，该项目设计直接植入英伦经典的红屋原型，可打造小区独特的居住环境氛围和人文精神，通过艺术文化精深充实建筑理念，提升社区整体文化品味与层次。

3. 总体规划理念

充分发挥项目周边风景区天然资源、山地资源价值，打造种类丰富的高品质产品，使社区整体实现山地活力小镇的规划意向。将住宅、商业、城市道路、山体、水系等功能有机结合在一起，并与自然融合。注重城市、社区、住宅小区、住宅组团的空间层次规划和转换，注重人体感受和尺度设计。打造高品质的居住社区。

追求差异化的产品设计，注重小区规划设计的人性追求和人文关怀，打造经典、生态、时尚、舒适、亲切的宜居环境是规划设计的核心理念。

住区品质的差异，除了建筑、景观等物质环境的差异外，更重要的是住区氛围的差异、住区公共生活品质的差异。高品质居住区所具有的活力，以及温馨、宁静、优雅的生活氛围是当前住区营建所普遍缺乏的。而这正体现着住区品质营建的内涵，这也是此次规划设计过程中始终追求的。

居住的本质是满足人性的需求，其深刻意义在于：它能够展示和影响人的生存状态，并给人以生存的意义和价值。因此，一个成功的住区规划，必须要体现独特的人文精神和人性关怀，把握生活方式的变化方向，满足人性的多层次需求，体现对人的尊重，即对于居住者内心归属感、自由感、身份感以及个人价值实现的尊重，创造出适合人类生存并促进人性发展的人居环境。

4. 节能设计

按山东省《居住建筑节能设计标准》DBJ 14-037-2012要求，外墙、外窗、屋顶及其他需要保温部分均选用合格的保温材料及配件，门窗性能的所有指针、隔音、气密、水密都必须满足国家标准。

5. 无障碍设计

在建筑入口设计无障碍坡道和扶手，有竖向高差的景观将台阶结合坡道设计，室外座椅休息区设置轮椅停靠位置。

该项目于2012年开始设计，分期建设，2014年一期地块施工，2015年售罄，2016年入住。同时二期于2016年开始施工，目前三期尚在设计中。

1－ 商业会所（沿河立面）实景照片
2－ 商业会所（沿内广场立面）效果图
3－ 总体鸟瞰图

4— 联排别墅实景照片
5— 小高层立面风格
6— 四联别墅立面风格
7— 入口效果图
8— 双拼别墅立面风格

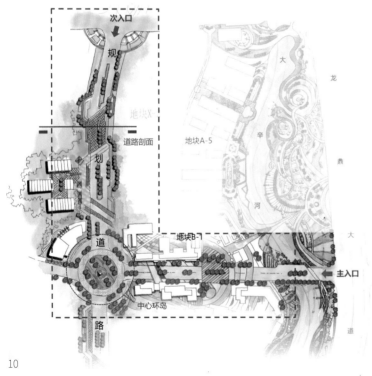

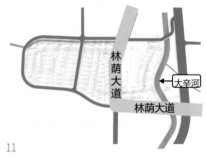

9— 全区总平面图

10— 林荫大道平面图

11— 生态公园平面图

12— 双拼别墅一层平面（395 平方米）

13— A 型标准层平面图（196 平方米）

14— 双拼别墅二层平面

15— B 型标准层平面图（170+90 平方米）

16— 双拼别墅三层平面

17— C 型标准层平面图（148+128+135+90 平方米）

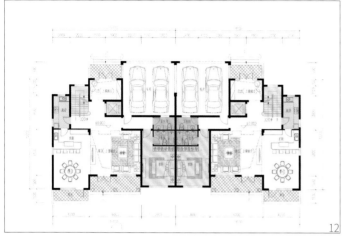

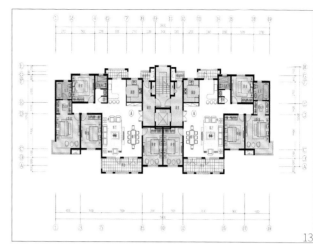

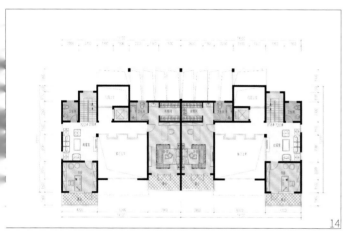

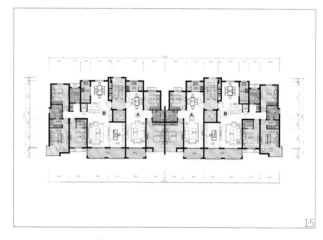

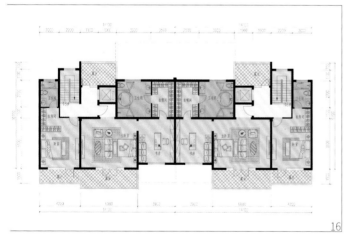

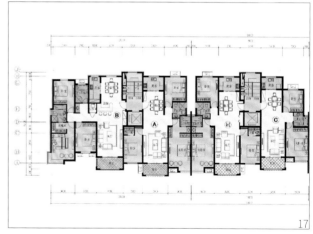

单 | 位 | 介 | 绍

单位名称： 夏恳尼曦（上海）建筑设计事务所有限公司

电子邮件： guangwei-sh@163.com

主页网址： www.kh-globalarch.com

微信公众号： kh-globalarch

微博： 夏恳尼曦的建筑师

新疆南疆葡萄酒特色小镇建设

申报单位：上海金恪建筑规划设计事务所有限公司
申报项目名称：新疆南疆葡萄酒特色小镇建设
主创团队：王丹、杜德章、石光哲、张照东、朱婵、朱光明

1. 项目概况

 （1）项目性质：新建（在建）。

 （2）项目建设地点：巴州博湖县博斯腾湖 5A 及风景区南侧依靠库鲁克塔格山脉。

 （3）项目建设期限：项目工期 5 年。

 （4）项目建设规模：总用地面积 2.83 万亩，净用地面积 2.23 万亩。

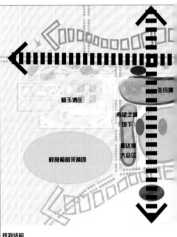

现到结构

综合体核心区分为五个功能片区：慕玉酒庄、亚玛娜庄园、民族马术俱乐
五个功能片区依据交通及用地现状选址，并通过规划主轴线有机串联在一
在那达慕大会场文化区地下区位设置希望之城·地下主题酒店。

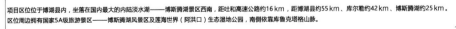

项目区位位于博湖县内，坐落在国内最大的内陆淡水湖——博斯腾湖景区西南，距吐和高速公路约16 km，距博湖县约55 km、库尔勒约42 km、博斯腾湖约25 km。区位周边拥有国家5A级旅游景区——博斯腾湖风景区及莲海世界（阿洪口）生态湿地公园，南侧依靠库鲁克塔格山脉。

1— 总鸟瞰图

2— 项目区位图

3— 特色小镇总平面图

4— 馨玉酒庄透视图

5— 小镇核心区规划结构

6— 小镇核心区道路系统

（5）项目建设内容：万亩葡萄种植园、主酒庄、分酒庄（定制）、亚玛娜庄园、马术俱乐部、那达慕大会区、希望之城、鲜食葡萄采摘园等。单项项目规划指标见图纸。

（6）项目配套内容：沙漠公园。

2. 规划定位

打造国际一流的南疆葡萄产业特色小镇，促进区域一产、二产、三产的协同发展：

第一产业 葡萄种植业，超过 2 万亩的生态葡萄种植基地。

第二产业 红酒生产酿造，集葡萄酒生产、加工展示、参观、品鉴为一体的综合性葡萄酒庄。

第三产业 文化、旅游及体育产业，亚玛娜庄园—博葡园旅游度假村、国际标准的马术俱乐部、那达慕大会民族文化区、希望之城—地下主题酒店。

3. 规划理念

（1）理念一：同区域共荣 ——带动共同发展，农旅共享繁华

博斯腾湖区域旅游资源丰富，有博斯腾湖国家旅游度假区、阿洪口莲花湖景区、大河口景区、南岸休闲运动旅游带等主要旅游项目，旅游线路呈环状串联各个项目区块，形成完整的区域旅游路线，各板块间可相互推动综合开发。农旅双轮驱动，聚集人气，形成规模效应；葡萄产业综合体联动博斯腾湖区域旅游景区，打造公共交通网络，共享优质资源，促进经济增长的同时提升促进就业率，带动区域繁荣。

（2）理念二：和自然共生——可持续发展、节约资源

规划上紧凑型布局，低密度开发，节约用地；设计上就地取材，生态开发，提倡原生态、绿色建筑，保护环境；通过现代造景手法，将周边环境景观渗透到基地内。

（3）理念三：以文化为魂 ——融入地方特色、体验地域文化

由于地域特殊性及东西各种文化的相互碰撞，互相融合，使西域文化逐渐形成了自有的风格。

"丝绸之路"建立了西域同世界沟通的桥梁，不仅为西域带来了华夏的陶瓷、香料、丝绸，同时也为西域带来了更多元的文化，并把西域文化带到各地。促使西域文化更为多元，更加开放，进而成为"丝绸之路"上一颗闪亮的明珠。借助于"丝绸之路"的开通，西域文化逐渐兴盛。

4. 项目特色

采用中水系统、太阳能系统、当地建筑材料，尊重当地地域特色和文化特色，做到景观、建筑、环境的融合和统一。利用博斯腾湖的水分条件，引洪灌溉，选择适生的经济树种生态型防护林带，营建大型防风固沙体系。促进再就业，缓解就业压力，维护社会稳定。

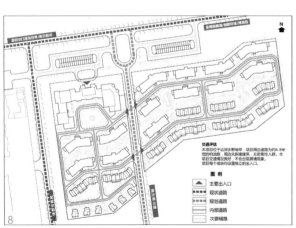

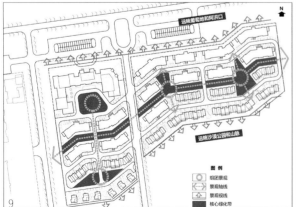

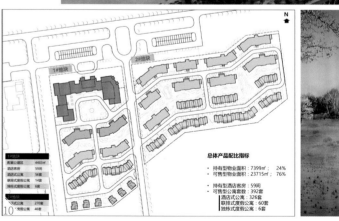

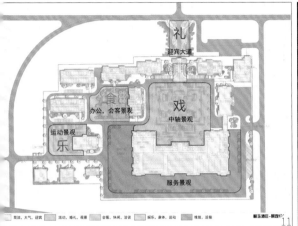

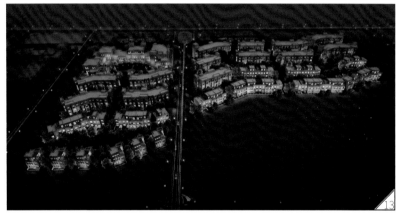

7- 分酒庄鸟瞰图

8- 亚玛娜庄园交通分析

9- 亚玛娜庄园景观分析

10- 亚玛娜庄园产品配比

11- 馨玉酒庄景观分析

12- 馨玉酒庄鸟瞰图

13- 亚玛娜庄园鸟瞰图

14- 沙漠公园鸟瞰图

15- 亚玛娜庄园透视图

单|位|介|绍

单位名称：上海金恪建筑规划设计事务所有限公司

通信地址：上海市浦东新区金高路 2355 号

主页网址：Http://www.jkinvest.cn

南京六合程桥现代农业综合开发项目详细策划

申报单位：艾奕康环境规划设计（上海）有限公司
申报项目名称：南京六合程桥现代农业综合开发项目详细策划
主创团队：许怀群、林俊逸、朱军、张成哲、滕腾

1

程桥位于南京市六合区滁河之畔，"华东最大池杉林"之旁，距雄州主城约 8km，距南京主城约 25km，面积共约 122km²，总人口 4.85 万人。为响应"十八大"建设社会主义新农村的要求，落实国家发改委关于南京江北新区提升农业现代化水平的相关要求，AECOM 受委托对程桥进行现代农业综合开发策划。

程桥古称棠邑，拥有深厚历史文化底蕴，自古即重要的农业生产基地，也有诸多独特的景观风貌。然而缺少的只是活化利用的故事，相关品牌的诠释，以及发现美景的视角。

AECOM 创新提出原乡策略，即深度挖掘来自"田"里的劳动和多元生产渠道，来自"村"里的生活和动人的风土人情，来自千家万"户"的农户、游客、新移民，以及来自老"街"的历史人文底蕴，为程桥制定现代农业、环境风貌的提升策略，并设计多方参与的农业平台机制，使"原乡"成为真正吸引人的场所。

1. 在程桥，农业创造好收益

秉着对土地的关怀，提倡使用有机农药化肥的生态农法培育最健康的农产品，在规模化种植的同时，结合程桥在地的文化特征打造"丰收程桥"农业品牌；同时也希望利用生态种业农业、观光休闲农业等业态来丰富程桥的农业功能，并通过营造话题景观、丰收节庆，营造良好收益的同时拉进人与人、人与土地的关系。

2. 留程桥，这里处处好风景

展现程桥特色风貌的原乡风貌提升是一个集合了功能引入、配套设施、夜色经济、建筑风貌、体验游线、环境特色、历史底蕴等七个方面的综合提升策略，因此策划杉主题的特色游线，引导村庄建筑风貌，营造原乡风景，让每一个来这里的人都能感受到在地的魅力。

3. 程桥动起来，大家都是好伙伴

一个良好的运营机制是好的设计畅想的保障，以原乡公司为平台，结合地方政府合作，引入多元主体共同运营，以七年为周期形成良性可持续的开发。

该项目以"原乡"作为程桥未来发展定位，实现农村的在地复兴，构建完整的全域农旅产业链，并汇聚成《原乡发展建设指南》，为远期滁河食谷打造提供原型参考。藉此机会希望播下一颗希望的种子，成为萌发与孕育美丽乡村的另一种模式。

2

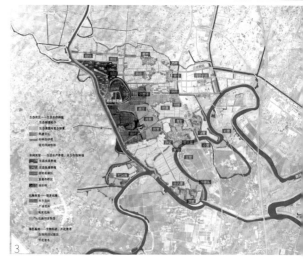

3

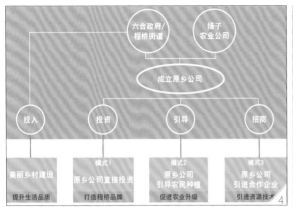

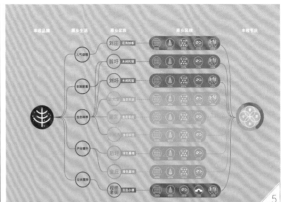

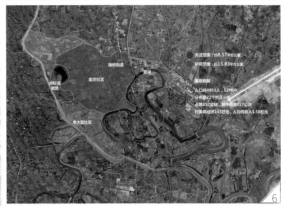

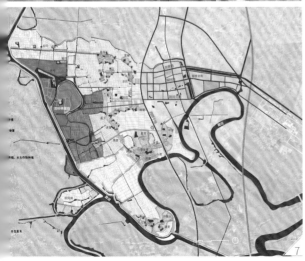

1— 原乡概念图

2— 总体鸟瞰图

3— 景观总平面图

4— 创新运营机制示意图解

5— 村庄风貌引导图

6— 基地分析图

7— 特色农作引导图

8— 人文历史风貌图

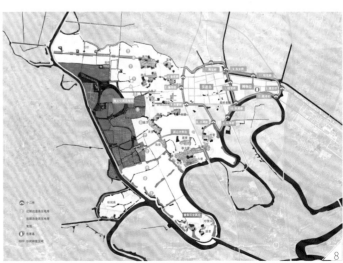

"傩文化"高压塔
NUO CULTURE PYLON

12

翁圩 水间民宿

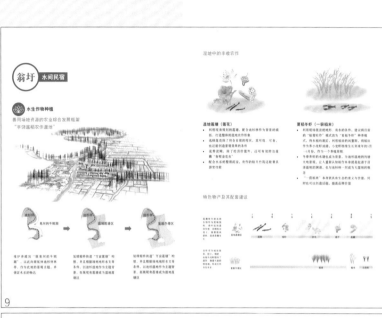

湿地中的丰收农作

水生作物种植

善用场地资源的农业综合发展框架
"丰饶稻稿农作湿地"

湿地藕塘（藕花）

夏秧冬稗（一荻稻米）

特色物产及其配套建议

9

刘庄 花海创客

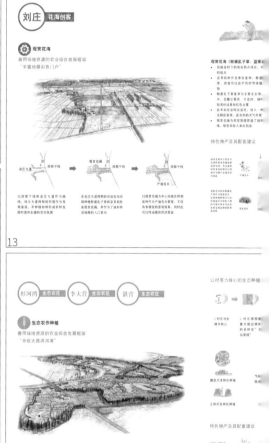

农田中的丰富地景

观赏花海

善用场地资源的农业综合发展框架
"丰饶锦彩色门户"

观赏花海（粉黛乱子草、蓝雪草）

特色物产及其配套建议

13

刘圩 水间民宿

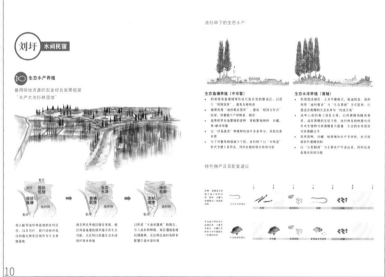

池杉林下的生态水产

生态水产养殖

善用场地资源的农业综合发展框架
"丰产大池杉林湿地"

生态鱼塘养殖（中华鳖）

生态水泽养殖（黄鳝）

特色物产及其配套建议

10

杉河湾 生态农庄 — 李大营 生态农庄 — 淇营 生态农庄

以村落为核心的生态种植

生态农作种植

善用场地资源的农业综合发展框架
"丰收大淇河河海"

特色物产及其配套建议

14

全色标示　　黑白标示

丰收程桥　丰收程桥　丰收程桥　丰收程桥
Harvests Chengqiao

丰收程桥
Harvests Chengqiao

设计说明

11

杉河湾生态农庄
SHANHEWAN ECO VILLAGE

翁圩水乡
WENGWEI WATER VILLAGE

水杉林荫大道
CEDAR BOULEVARD

金庄花海大道
JINZHUANG FLOWER TRAIL

花海创客聚落
INNOVATION COMMUNITY

金庄花海大道
JINZHUANG FLOWER TRAIL

9— 水生作物种植
10— 生态水产养殖
11— 品牌标识设计
12— 傩文化高压塔明信片
13— 观赏花海
14— 生态农作种植图
15— 杉河湾生态农庄明信片
16— 翁圩水乡明信片
17— 水杉林荫大道明信片
18— 金庄花海大道日景明信片
19— 花海创客聚落明信片
20— 金庄花海大道夜景明信片

单 | 位 | 介 | 绍

AECOM

单位名称：艾奕康环境规划设计（上海）有限公司
通信地址：上海市杨浦区政立路 500 号创智天地企业中心
　　　　　7 号楼 9–12 层
主页网址：www.aecom.com

巴中市通江县泥溪乡梨园坝（犁辕古村落）旅游总体规划

申报单位：四川省大卫建筑设计有限公司
申报项目名称：巴中市通江县泥溪乡梨园坝（犁辕古村落）旅游总体规划
主创团队：刘卫兵、卢晓川、黄向春、王成、邓新

1. 项目概况

梨园（辕）坝村位于通江县泥溪乡西北部，距离乡政府和省道 302 仅有 3.3km，距离通江县城约 59km，距离巴中市区约 150km。整个梨辕坝主要依靠省道 302 进行交通辐射。

2. 规划范围

规划区域以梨园（辕）坝村传统保护区域的核心区为主，辐射周边的山体和河道，整个面积约为 1km²。

3. 规划期限

依据项目的基础建设条件、资源结构，规划期限确定为 2016—2020 年，并根据所设项目的性质划分为两个阶段：

近期 2016—2017 年，旅游开发期；

中远期 2018—2020 年，旅游发和完善期。

4. 区位交通

整个梨园（辕）坝村幅员面积 8.9km²，辖 5 个农业合作社。现有户数 310 户，总人口 1300 余人。此外，泥溪乡所在的区位正好位于通江县县域旅游环线上（通江县城——空山国家森林公园），旅游区位优势明显。

5. 地形地貌

整个梨园（辕）坝依山傍水，地形总体属于山地缓坡，两侧山脉，中间河流，整个古村落座位于几大台地上，整个用地条件较好。

6. 气候特征

整个通江县属亚热带季风气候。春暖秋爽，夏热冬冷，降水集中，雨热同季，四季分明，而梨园（辕）坝由于处于山里，气候更为宜人。

7. 水文特征

整个梨园（辕）坝村村域范围以马家河的水系为主，次水系为山水，夏季汛期时落差较大位置水流较急促，其余地段都较为正常。

1- 大地景观效果图

2、5- 区域分析图

3- 项目范围图

4- 产业规划布局图

6- 功能分区与空间组织图

7- 总平面图

8- 彩色平面图

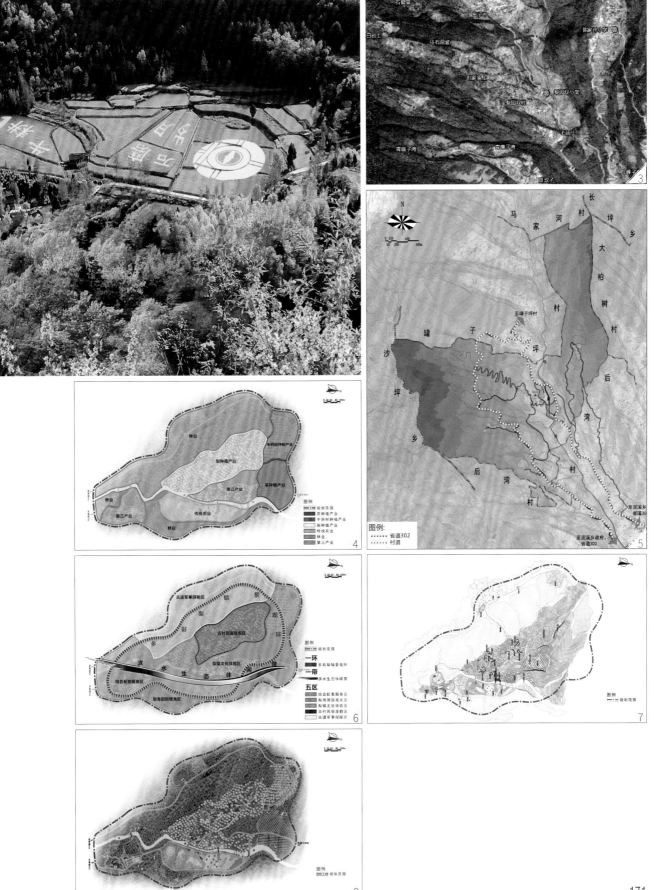

9– 梨园新居效果图
10– 主题古村民宿效果图
11、12– 现场照片
13– 星级乡村酒店效果图
14– 项目交通布局图
15– 项目设施布局图
16– 项目布局图

单｜位｜介｜绍

单位名称：四川省大卫建筑设计有限公司

通信地址：四川省成都市天府大道天府二街 138 号蜀都中心 3 号楼 6 层

主页网址：http://www.scdavid.com.cn/

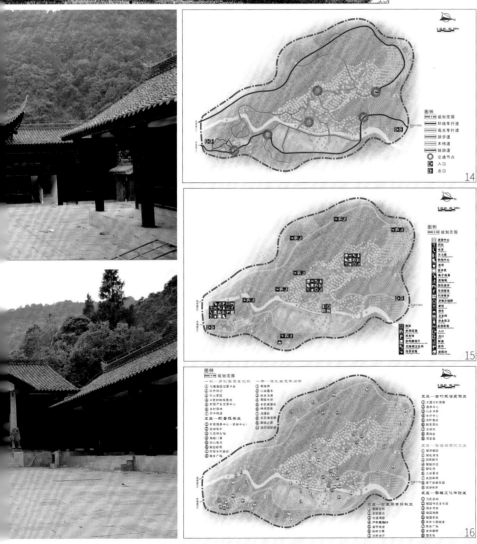

河北省阜平县夏庄村美丽乡村建设

申报单位： 开朴艺洲设计机构
申报项目名称： 河北省阜平县夏庄村美丽乡村建设
主创团队： 蔡明、王捷勇、叶超、朱勋灿、杜修能

夏庄位于河北省保定市阜平县西南 21km，以西经太行山景观区花溪谷直至山西，管辖夏庄、面盆、羊道、二道庄、菜池 5 个自然行政村，61 个自然村，镇域总面积 165km²。

夏庄村共搬迁整合安置 20 个自然村，安置人口 1593 人，规划共计 544 户，原村落宅基地面积 438 亩，新选址规划用地 94 亩，结余建设用地面积 289.12 亩。夏庄村原村落依托胭脂河一带景观，依山就势，沿村庄主路布置房屋，整体布局错落有致。

夏庄村整体规划形成"一街三片多组团"模式，"一街"——沿景观规划道路两侧设置沿街商业，打造旅游景观商业街，沿胭脂河设置休闲商业；"三片"——规划用地自成三个片区，各自独立相连；"多组团"——延续原村落的院落模式，形成特色美丽乡村村落。夏庄村整体规划总建筑面积 59988.75m²，容积率 0.81，规划设置幼儿园、幸福院、活动中心、村委会及商业配套，整体风貌延续阜平传统名居特色，加入现代元素，屋顶采用硬山坡顶，依据户型结构高低起伏，丰富天际线界面，整体打造夏庄旅游特色小镇。

〉》项目基本信息

占地面积：63700m²
建筑面积：57990m²
容积率：0.78
绿化率：30%

左底图－村庄鸟瞰图
1－功能分区图
2－道路交通规划图
3－住宅单体风貌
4－总平面图
5－规划结构图（一街三片多组团）
6－空间节点分析图

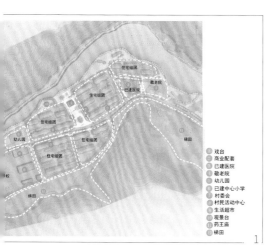

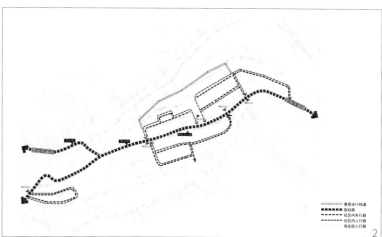

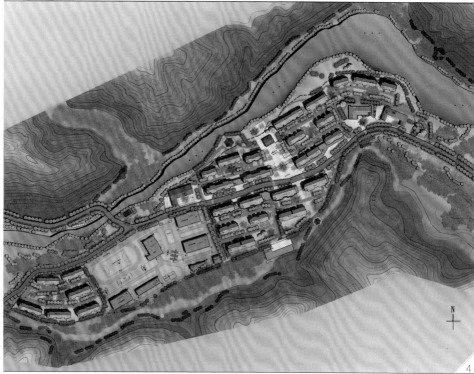

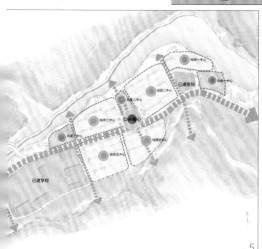

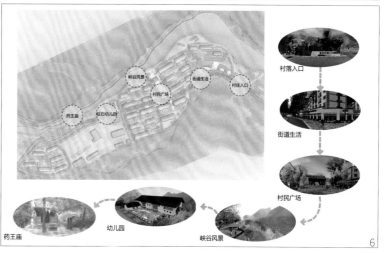

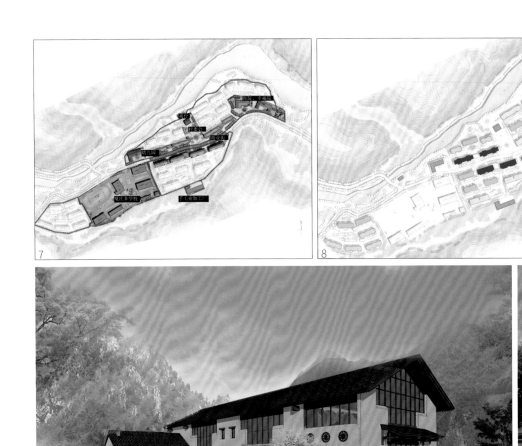

7- 公共设施规划图

8- 住房安置分析图

9- 幸福院——乡村别墅式

10- 观景台——峡谷风景

11- 山水街

12- 山水戏台与夏至之夜空图

13- 村标——旧营古道

14- 养老院

C&Y 开朴艺洲

单 | 位 | 介 | 绍

单位名称：C&Y 开朴艺洲设计机构

通信地址：深圳市南山区学苑大道 1001 号南山智园 A4 栋 11 楼

主页网址：Http://www.cyarchi.com/

河洛旅游文化综合体（河洛古城）

申报单位：重庆同元古镇建筑设计研究院有限公司
申报项目名称：河洛旅游文化综合体（河洛古城）
主创团队：李陈、杨珅、赵博、卢国富、郭云鹏、彭笠、杨大伟

1. 项目概况

"河洛古城"项目位于洛阳市洛龙区，北至古镇北路，南至中州东路，与洛河景观相连，西至古镇西路，东至中原大道。"河洛古城"项目总用地面积 659535.30m²，约 989.3 亩；总建筑面积 1019600m²（地上建筑面积 740900m²，地下建筑面积 278700m²）；容积率 1.12；绿地率 12.7%。

项目分为核心旅游商业区、多层合院式客栈区、半合院式客栈区、五星级酒店区、古玩城及企业办公区、停车场区。有城门楼、衙门、过街楼、河洛书院、城隍庙、演艺城、五星级酒店、古戏台、过街楼、牌坊等公建；有合院、合院客栈、高端客栈等民居建筑；有万象步行街、隋唐天街、古玩城等综合商业建筑；有中国传统民族服饰街、旅游精品街、古玩字画街、庙会小吃街、水岸茶吧街、酒吧街等特色街区；有太极广场、四象广场、过街楼广场、戏台广场等文化广场；还有星级酒店、办公建筑、游客接待中心、公共厕所等配套建筑。

2. 项目定位

"河洛古城"以旅游服务为主体，依托旅游地产开发理念，结合洛阳市及周边旅游资源，打造洛阳城市群核心旅游集散地，建设集"古城"四大功能（即居住功能、政治功能、祭祀功能、经济功能）与旅游六大要素（即吃、住、行、游、购、娱）的大型城市旅游综合体。旨在改变洛阳旅游格局，推动洛阳地区旅游发展，整合洛阳散布的旅游资源。

河南省洛阳市河洛旅游文化综合体（河洛古城）项目为文化旅游项目，以体现旅游文化要素为主，旨在挖掘洛阳历史，弘扬传统文化，展现地域特色，进而带动区域旅游及经济发展。

3. 规划理念

"河洛古城"是在充分挖掘河洛本土文化的基础上规划设计的，以"河图洛书、太极八卦"文化为背景，"两汉隋唐"历史为平台，明清中原建筑文化为手法，展现"河洛"五千年人文历史及建筑文化。

4. 建筑风格

洛阳作为十三朝古都，历史上最重要的政治、经济、文化中心，具有很强的包容性。"河洛古城"兼承河洛文化强大包容性，以明清中原建筑风格为基调，兼具江南、闽粤等建筑风格，呈现"神都"大气风范。

5. 社会效益

河南省洛阳市河洛旅游文化综合体——"河洛古城"的诞生不仅能推进洛阳市旅游产业的大力发展，更能带动洛阳旅游业由粗放型、分散型向产业型、科技型、生态型、综合型为一体的多元化复合产业变革，它建成后将成为洛阳乃至整个河南省的旅游服务示范基地，同时带动周边产业结构改革与创新发展，为洛阳带来不可或缺的社会效应。

"河洛古城"建成后，预计年接待游客达 1000 万人次，创造直接旅游税收 5 亿元，增加就业岗位 2 万个、带动周边土地快速熟化、增值。"河洛古城"将为洛阳旅游业的发展添上精彩一笔，成为千年"神都"里一颗璀璨的明珠。

1— 鸟瞰图
2— 总平面图
3— 合院客栈式酒店
4— 分期建设规划图
5— 功能布局分析图
6— 景观系统分析图
7— 交通系统分析图
8— 水岸商街效果图

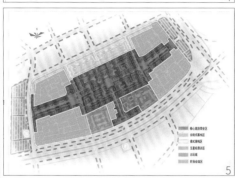

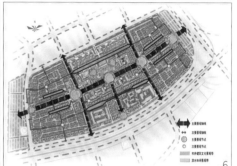

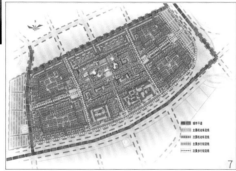

9— 水系商铺建筑设计图

10— 展示中心建筑设计图

11— 十字过街楼侧透视图

12— 衙门及隋唐天街入口

13— 入口牌坊透视图

14— 二进院建筑设计图

15— 示范区实景图

16— 书院正透视图

17— 合院高端客栈（一进院）

18— 星级酒店正面图

19— 城门楼

20— 中州路沿街透视图

单 | 位 | 介 | 绍

单位名称： 重庆同元古镇建筑设计研究院有限公司

通信地址： 重庆市南岸区滨江路长江国际 A 栋 30 层

主页网址： http://www.tyjt.cc

中国南山（汤池）健康小镇总体概念规划

申报单位：开朴艺洲设计机构
申报项目名称：中国南山（汤池）健康小镇总体概念规划
主创团队：蔡明、黄海波、顾焕良、刘俐、游燕秋

项目位于合肥市庐江县汤池镇。庐江县资源丰富多样，天然的温泉、秀美的山水、独特的宗教、厚重的人文让庐江县成为旅游度假的圣地。

基地北邻军二路，东邻玉泉路，西侧和南侧为原生山体和农田。舒庐干渠把地块分为河东地块和河西地块。

地形基本特点西高东低。西面为山地，为用地提供了阻隔西北风的天然屏障。东面为大片的岗丘地，整体起伏不大，西高东低。

项目设计采用保留、搬迁、整合的方式，解决现状村庄布局的问题；提高道路效率，加强与城镇的联系，并能与周边景点形成良好的呼应。确保社会和文化的可持续发展，使现有的村庄居民受益。

设计尊重当地原有环境，适当保留现有的田园风光，充分利用基地的景观资源，打造一个集自然山林、人工花海、世外田园、河流湖泊于一体的健康运动、旅游养生基地。

功能定位上不以温泉主题作为主导，而是延续上层规划的"十泉十美"的主题策略，重点强调"运动、乐活、田园、山水"等理念。以"体育、养生"为主题，打造健康旅游小镇。

项目保持汤池镇镇区"四横四纵"的路网结构，规划上形成"一纵一横一弧"的主干道体系。一纵：玉泉路；一横：军二路；一弧：迎宾西路。

项目延续汤池镇"十泉十美"特色鲜明的主题，将整个用地分为森林公园片区、体育休闲片区、高端养生片区和健康住宅片区四个片区。

—— 半程马拉松跑道路线

项目以体育生态公园为中心，向西、向南与周边原有山体融合一体，向东通过舒庐干渠滨水景观带和两条生态绿轴，把原有山体和生态公园的绿色引入到汤池镇区，突出体现城市生长于山水之间的设计理念，使整个规划区形成"一核"、"一带"、"两轴"、"多心"的空间格局。

"一核"——体育生态公园核心：分为森林公园和体育休闲两大片区，结合周边的原有山体、水系及绿化，形成以民宿、运动、休闲、观光为主的体育生态旅游核心。

"一带"——舒庐干渠滨水景观带：着重打造舒庐干渠两侧慢行步道和景观空间，提升水景资源，与体育生态公园共同体现山、水、湖、泉的生态特色。

"两轴"——运动生态绿轴：延续体育生态公园景观，引入两条运动生态绿轴，使生态理念和运动理念延伸到河东片区，让汤池镇区也能从中收益，体现城市生长于山水之间的设计理念。

"多心"——运动生态绿轴：沿滨水景观带和生态运动绿轴，散落多个功能组团中心，即高端养生组团中心，入口商业组团中心，健康住宅组团中心和教育配套组团中心。

以美为线索，以山水为骨架，以城市生长于山水之间为规划理念，打造集聚汤池本土特色的健康、运动、养身旅游度假养生小镇。

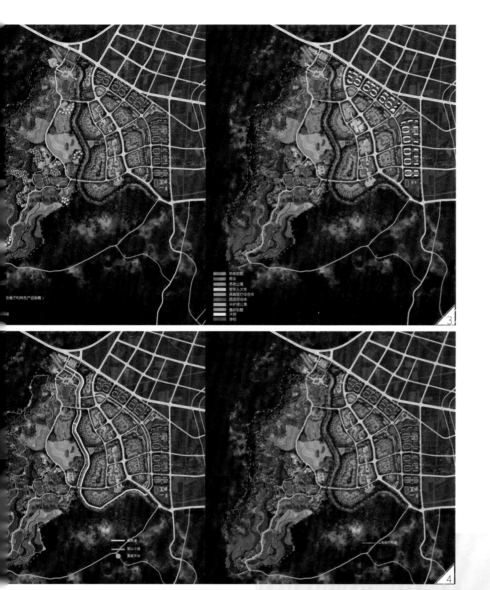

项目地点：安徽合肥
占地面积：3185477m^2
建筑面积：732539m^2
容积率：0.23

1— 半程马拉松跑道路线
2— 土地利用规划图
3— 民宿及旅游配套 & 公建配套设施
4— 慢跑登山路线 & 山地自行车赛道
5— 鸟瞰图

C&Y 开朴艺洲

单｜位｜介｜绍

单位名称：C&Y 开朴艺洲设计机构

通信地址：深圳市南山区学苑大道 1001 号南山智园 A4 栋 11 楼

主页网址：Http://www.cyarchi.com/

宜城小河镇新华社区新农村项目（一期）

申报单位： 深圳市方佳建筑设计有限公司
申报项目名称： 宜城小河镇新华社区新农村项目（一期）
主创团队： 周鸽、高强、查文虎、王星、曾向龙、岳龙、陈蕾

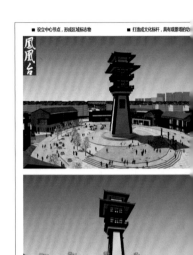

小河镇位于汉江中游湖北省宜城市西北部，汉江西岸，北距湖北省域副中心襄阳市市区仅23km，南距宜城市区13km，东临汉江，西接南漳县武安镇、九集镇。焦柳铁路、二广高速、207国道、306省道以及建设中的麻竹高速在此交汇，区位优势明显。小河镇由东向西海拔略有升高，南部有少量山区。东部濒临汉江，岸线长8km，其他为平原沃土，地形地貌景观较好，呈"二山一水七分田"的格局，可拓展的空间资源和景观资源丰富。

湖北省宜城市，为历史上楚国鼎盛时期的都城，宜城人是楚文化的继承人。项目设计中充分尊重楚文化，挖掘楚文化价值，营造具文化色彩，同时符合现代居住需求的现代新农村空间。

楚国时期，凤鸟图腾在宜城常被用于绣像和雕像，日常使用的器具物品以及生活中的颜色搭配均与凤鸟有关。基于对楚国文化的挖掘与研究，"有凤来宜"的设计方案悠然而生。在规划中，形成极具楚文化的各个空间形态，打造楚文化新城的空间气氛。凤凰台、凤凰谷、溪凤街、凤凰湖、梧桐枝五大空间渲染文化都城的繁荣场景。

居于"一核两凤、双凤成祥"的规划格局中，通过街道、院落、景观湖、慢行跑道、商业街、凤凰台等空间形态来满足生活需要的同时，表达城市自身的历史文化。根据具体的时间与空间特征，真实的景象被转化为概念化的艺术形式。因此在营造建筑外观的同时，也注重其内在的功能完善，充分满足吃、住、行、游、购、娱的旅游六大要素。不仅通过建筑形式本身，更通过人气氛围、市井文化、美食歌舞、互动体验等媒质让居者充分地感受"有凤来宜、龙蟠凤逸"之美。

工艺方面：用现代建筑材料代替古代大木作建筑结构；大量采用预制构件制作建筑装饰，在建筑细节上充分体现楚国文化精髓。在完整保有古建筑外观的同时，大大简化生产工艺，缩短工期，减少木材使用，保护生态环境。

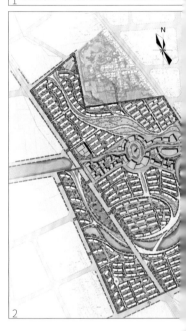

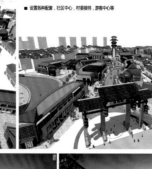

■ 结合水溪打造商业步行街

■ 设置各种配套，社区中心，村委接待，游客中心等

5

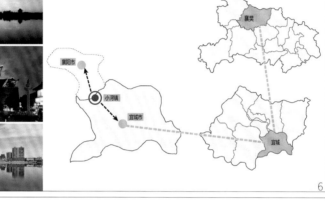

1- 凤凰台效果图

2- 总平面图

3、4- 效果图

5- 溪凤街效果图

6- 区域认知图

7- 凤凰湖效果图

6

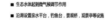

■ 生态水体起到微气候调节作用

■ 沿湖设置亲水平台，钓鱼台，景观桥，观景亭等设施

7

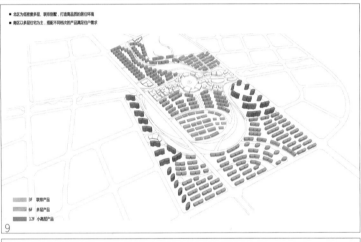

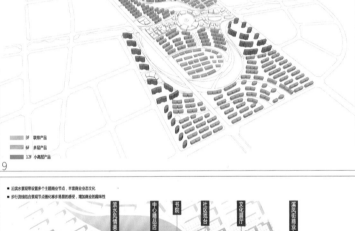

8— 溪凤街模型图

9— 住宅产品分析图

10— 商业业态分析图

11— 配套功能分析图

12— 建筑立面造型元素提取

13— 组团模型空间分析图

14— 组团围合空间分析图

15— 组团模型图

16— 造型设计图

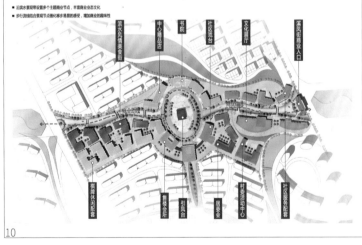

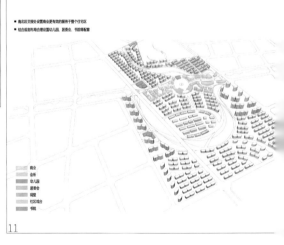

楚风建筑四大元素
■ 檐口，屋脊，门楼，马头墙　　■ 抽象和简化古典细节，保留韵味和形式

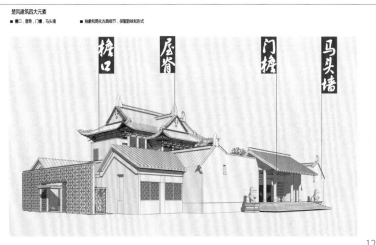

现代手法诠释楚风民居
■ 文化第一抽象度文化建筑的符号和元素　　■ 现代第一现代建筑材料，构成手法建筑空间组合方式

合院空间，营造和谐的邻里关系
的庭院递进关系丰富空间层次

北区联排别墅入口

联排别墅公共庭院

社区形象入口　　社区中心景观

高层住宅组团入口　　宅间景观带

单｜位｜介｜绍

单位名称：深圳市方佳建筑设计有限公司
通信地址：深圳市福田区车公庙泰然 7 路 25
　　　　　号苍松大厦北座 1201 室

信宜市省级新农村示范片建设八坊村环境整治工程

申报单位： 广州市思哲设计院有限公司
申报项目名称： 信宜市省级新农村示范片建设八坊村环境整治工程
主创团队： 罗思敏、汤浩宁、张遒、李海宇、张文波

1— 文明广场节点效果图
2— 道路系统分析图
3— 八坊村入口牌坊效果图
4— 古榕节点效果图
5— 中轴线街道整饰
6— 历史古建筑修复方案
7— 片区总平面图

信宜市八坊村，是广东省社会主义新农村示范片首批建设项目，在对项目展开策划设计的全过程中形成和成功把握了几个重要的指导思想：

1. 发现和再现千年古城

信宜市八坊村始建于唐代，至今历 1300 多年，古称"窦州"，是历代州县并治之地，直至新中国成立初期仍为信宜县城。从资料研究和实地踏勘可以发现，全村的建筑与环境仍保留着一座古城的格局，实为难得。村中是南北向和东西向两条大街组成的十字街，街的四端原为南北东西 4 个城门（可惜城门城墙已毁），城西南建有现存的标志性建筑文明门，村内还有省级保护文物学宫、县衙门遗址、文昌宫、起凤书院、演武场、城隍庙（重修）、社坛、关帝庙。学宫门前有横街与南北大街相通，与学宫前直街一起构成了一个小十字街，小十字街两旁布满多所书院和旧商铺，形成了古城的中心区。更为难得的是，全村还保留着 20 多个古书院。

就发展文旅的长远目标而言，实施设计建设一着手，即尽力重现古城格局。

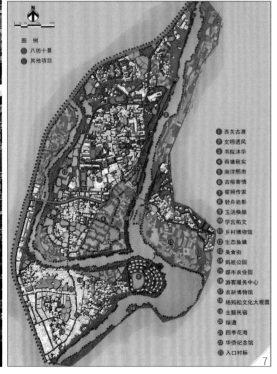

2. 巧说书香故事

八坊村的整个设计，几乎无一不围绕着诉说"关于书香的故事"，而且这种诉说，皆以"巧"为追求，该项目先后修复了旧书院、旧学校、旧县衙门等一批历史建筑，重建了演武场，新建了村标和戏曲舞台。以"书香"作为诉说的内容，源于八坊村底蕴深厚的历史文化和众多的文物古迹，尤其是这些历史和古迹都具有共同特性——崇文尚学。

3. 培育文旅功能

体现在具体的做法上，该项目准确定义了片区的核心区域和辐射范围，并相应组织了车行线和步行游览线，重点打造了文明广场、榕树广场、入村大道、绿道、书院、学校等，并对大小十字街的建筑进行了整治，铺了路面。与此同时，相应完成了雨污分流、污水处理、三线入地、照明、停车场、公厕、垃圾处理等一批基础设施工程。

八坊村项目从 2015 年起规划设计，已取得明显效果，游人明显增多，年轻人回村，村民的店铺越来越多，生意越来越好，许多文化艺术活动都相继选择在这里举行，一座尘封已久的千年古城，又逐渐焕发出特有的魅力。

8 ~ 18- 实景图

单 | 位 | 介 | 绍

单位名称：广州市思哲设计院有限公司
通信地址：广州市荔湾区逢源路 159 号、161 号
主页网址：Http://www.seerdesign.com.cn

襄阳卧龙古镇项目总体规划设计

申报单位： 襄阳古镇文化旅游开发有限公司（襄阳卧龙古镇设计部）
申报项目名称： 襄阳卧龙古镇项目总体规划设计
主创团队： 李陈、李泽乾、杨坤、杜鹃

申报单位： 襄阳古镇文化旅游开发有限公司（襄阳卧龙古镇设计部）
申报项目名称： 襄阳卧龙古镇项目 B 区设计方案
主创团队： 李陈、李泽乾、王毅、吕晋川

　　"卧龙古镇"项目位于中国历史文化名城，湖北省襄阳市襄城区卧龙镇，毗邻隆中风景区，卧龙古镇是湖北省 2015 年度重点项目，是襄阳市委市政府重点招商引资的文旅项目。项目秉承"为城市打造历史记忆"的理念，以荆楚文化为背景，以三国文化为主线，以汉江流域文化为纽带，以南北交汇的建筑文化为平台，向世界展现——千古帝乡、智慧襄阳的魅力，目前已入选全国旅游优选项目。项目占地 2000 亩，古镇核心区 1200 亩、地上建筑面积 46 万方，总投资约 65 亿元。项目理念是以荆楚文化为背景，以三国文化为主线，以汉江流域文化为纽带，以南北交汇的荆楚建筑文化为平台，向世人展示古城襄阳的独特魅力，该项目具有居住、商业、政治、祭祀四大要素。

　　居于古镇之中的人们通过街巷、院落、河道和园林这几种形式来满足生活需要，同时表达自身的情感和意义。根据具体的时间与空间特征，真实的景象被转化为概念化的艺术形式。因此在营造建筑外观的同时，也注重其内在的功能完善，充分满足吃、住、行、游、购、娱的旅游六大要素。不仅通过建筑形式本身，更通过人气氛围、市井文化、美食歌舞、互动体验等媒质让游客和居者都充分感受和呼吸"卧龙古镇"之美。

　　古镇既要传承传统古镇的意境和情调，又要摒弃其俗套和缺陷。继承传统建筑优点的同时，也运用现代建筑的工艺技术、功能认知和美学理念进行创新，让产品的功能充分满足现代人生活的习惯和需求。

　　工艺方面：用钢筋混凝土为主要建筑结构材料，代替古代大木作建筑结构；大量采用预制构件制作建筑装饰，代替手工艺加工小木作装饰。在完整保有古建筑外观的同时，大大简化生产工艺、缩短工期、减少木材使用、保护生态环境。

　　管理方面：项目运用建筑模型信息化管理，建设单位、设计单位、施工单位、监理单位等项目参与方通过数字化建筑信息模型协同工作。在提高生产效率、节约成本和缩短工期方面发挥重要作用。

　　该项目于 2014 年开始设计，2017 年开始施工，预计 2019 年一期开街运营，2024 年全部建成完工。

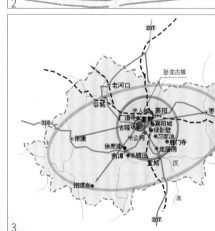

总体思路 "卧龙古镇"项目是以为城市打造历史记忆作为己任，让历史再现，让文化流动。

开发特色 将我国各民族、各地区的优秀文化进行融合，如建筑文化、歌舞文化、饮食文化等，具有地域特色的文化虽然在各地都得到了不同程度的开发，但由于景点文化单一或分散而不能满足游客的需要，卧龙古镇项目将综合展示多样性的文化。

文化提炼

襄阳文化——襄阳文化积淀深厚，拥有以古隆中为代表的三国文化历史遗址，表现为以诸葛亮为核心的智谋文化；

汉江文化——襄阳好风日，1577km长的汉江水在襄阳这里流经了195km，温婉的汉江文化已经深深渗入老百姓的生活；

荆楚文化——从襄阳荆州兴起的楚人筚路蓝缕、奋发图强，建立起几百年的楚国，由此诞生深远的荆楚文化。

表现形式

（1）有区域性、差异性的展示襄阳不同历史时期的各种传统技艺和文化遗迹；

（2）通过举办各种宗教祭祀和历史民俗文化活动等主动吸引游客体验并参与，让游客积极融入历史文化中；

（3）通过定期举办各种文化沙龙和文化比赛活动，思想讨论，齐聚襄阳甚至全国的各路英雄好汉，提炼襄阳的历史文化精髓，进行文化创新，为人们心灵的幸福栖息提供文化空间，服务于生活和社会，同时由这些精英辐射宣传卧龙古镇，提升古镇的品位。

总体定位 "卧龙古镇"项目是与"古隆中"相呼应的文化旅游项目，建设成融观光、度假、商业、创意、民俗等业态为一体的现代城，集遗产保护、文化交流、生态旅游为一体的襄阳文化、荆楚文化、汉江文化主题区。

4

1— 景区整体道路图
2— 功能分布图
3— 区位图
4— 总体定位图
5— 总平面图

5

6、7、9、10– 景区效果图

8– 襄阳府图

11– 古民居图

右顶图 – 效果图

单 | 位 | 介 | 绍

单位名称：襄阳古镇文化旅游开发有限公司
通信地址：湖北省襄阳市襄城区卧龙镇隆中
　　　　　景区游客接待中心对面
主页网址：Http://www.tyjt.cc/

周口昌建金融中心

申报单位：北京清水爱派建筑设计股份有限公司
申报项目名称：周口昌建金融中心
主创团队：杨铮、李伟欣、谭璐、尹晋、杨乐

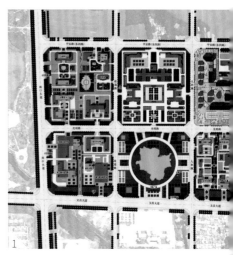

1. 项目区位

昌建金融中心雄踞周口高铁枢纽之上，位于河南省东南部豫东中心城市周口市东新区商务中心区，地块东临腾飞路，西邻人和路，北至平安路，南至光明路。地块周边毗邻周口公园及体育中心。项目地块临近行政中心，地理位置优越，以西为830亩的周口公园，以南为伏羲湖生态休闲中心。

2. 总体规划

地块呈四边形，东西向长约113m，南北向长约294m。建筑设计内容主要有独栋公寓楼、办公楼及其配套裙楼、停车楼、地下停车场（兼人防工程）及地下室设备用房。

高层办公与公寓朝向西侧行政中心与和谐广场，由南往北逐次展开，塑造典雅大气的主体形象，丰富了城市天际线。独栋办公布置于地块西侧以及北侧，结合地块南北方向较长的特点，充分发挥沿街面的优势，结合景观广场和街区入口的设计，在近人尺度形成丰富灵动的空间效果。裙楼位于高层建筑的底部，东侧设置停车楼，西侧设置办公及公寓配套所需的会议、办公服务、商业服务等用房。空间上通过内街与节点广场穿插的空间手法，形成主次分明，秩序井然的街区序列。

交通规划：基地内沿建筑单体外围设置环形车道，合理组织地下车库出入口和停车楼出入口的流线关系，与西侧街区和广场实现人车分流，避免相互干扰。

消防规划：结合景观铺装设计，设置环形消防车道和高层建筑消防施救场地。

景观规划：强调南北向的景观主轴线，开放性广场节点和次级控制节点结合，形成丰富而有趣的带状公共活动场所，串联整个园区的景观脉络，为区域赋予新的活力和特色。

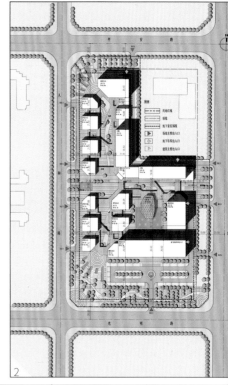

3. 主要经济技术指标

用地面积：29571.62m²

总建筑面积：135650.3m²

其中：地上建筑总建筑面积：113218.0m²

地下建筑总建筑面积：22432.3m²

建筑密度：39.05%

容积率：3.83

绿地率：10.20%

机动车停车位：1135辆

非机动车停车位：1050辆

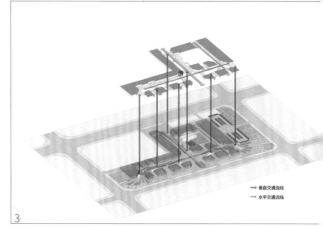

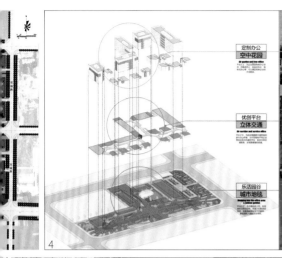

定制办公
空中花园
Air garden and tree office

企业舞台

优创平台
立体交通
Air corridor and service office

优创平台

乐活园谷
城市地毯
Stepping into the office area
a jordan garden

乐活园谷

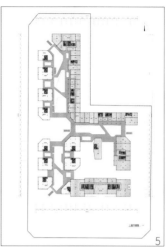

4

5

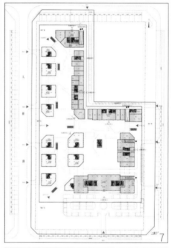

6

7

1− 城市区位图
2− 总平面图
3− 立体交通分析图
4− 立体分析图
5− 二层平面图
6、8− 效果图
7− 一层平面图
9− 三层平面图
10、11− 剖面图
12− 四层平面图

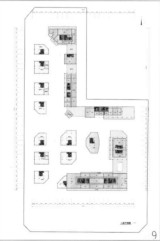

8

9

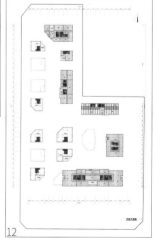

10

11

12

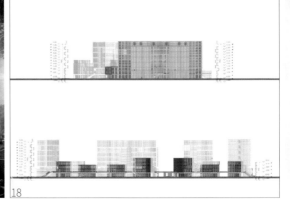

13 ~ 17、20 ~ 22- 效果图
18- 立面图
19- 鸟瞰效果图

单 | 位 | 介 | 绍

清水爱派®

单位名称：北京清水爱派建筑设计股份有限公司
通信地址：北京市海淀区清华大学学研大厦 A 座 407
主页网址：http://www.tsc.com.cn

旭辉沈阳·东樾城

申报单位：北京墨臣建筑设计事务所
申报项目名称：旭辉沈阳·东樾城
主创团队：关景文、杨德利、李真真、刘兰婷、徐萍

1— 营销中心主入口
2— 周边资源
3— 总平面图
4— 鸟瞰图

1. 区位

东樾城北区项目位于大东区望花板块，地处沈阳二三环之间。

大东区，隶属于辽宁省沈阳市，是沈阳市内五区之一，位于城市东部。东与棋盘山开发区为邻，东南、南、西南三面被沈河区环绕，西与皇姑区接壤，北与沈北新区相接。

大东区所在地沈阳市是中国交通最发达的地区之一，也是东北地区最大的交通枢纽。

2. 周边资源

本区域属于大东区新兴区域，随着政府南迁至此，区域周边的生活配套设施日趋完善，将会不断引进优良的配套资源。

3. 资源优势

奢享主城交通：东樾城"主城别墅"择址沈阳大东区主城地段，距离地铁 4 号线仅约百米，毗邻南北快速干道、二环路，畅享从容出行。

奢享主城配套：别墅私境亦有繁华相伴。周边未来将引入大型商业配套、图书馆、体育馆、医联体以及东湖公园等，尽享雍雅生活。

奢享主城教育：别墅周边建有九年一贯制重点中小学，教育资源优越。

4. 项目简介

东樾城项目源于对于中国传统居住理想的传承以及对于现代城市居住理念的深层解读，项目从开发即定位为面向城市精英族群的低密度产品，旨在打造全年龄段健康宜居生态大盘，创造和引导超前的生活方式和居住理念。

5. 理念衍生

追溯光阴，旭辉再造文脉风华。

一座城市不能没有历史。从沈阳故宫到奉天驿站，再到张学良将军故居，每一座老建筑，都凝聚着一段沧桑经历和动人的故事。那斑驳的红砖墙，婆娑的树影，泛黄的窗，出挑的檐……它们见证了老沈阳的更新变化，记录着这座古老城市的历史点滴，早已融入到人们的日常生活，成为沈阳人深深的文化印记。

沈阳老建筑风格多元，民国时期的建筑多为中西合璧，造型独特。设计者从中汲取艺术精华，带着沈阳厚重的工业历史审美情趣，把传统元素植入现代建筑语系，中魂西技，博览众长。

筑山理水，以粗犷自然的质感演绎典雅精致之气。

匠心营造，因地制宜，藏尽文化造园精粹。

起于浑河，大隐于市，以恢弘精致的现代设计手法，呈现一种美学上的追求，一种平和安逸的生活方式；本案以红砖记忆为蓝本，结合现代造园工艺，力筑一座现代典雅的情怀别院。

6. 规划解读

倡导健康、悠闲、雅致、便捷的栖居方式。

整盘规划自然形成"十字"街区，恰合沈阳古都的方格网络肌理。

地块共分四期开发，总建筑面积约 78 万平方米，地块总体规划对称均衡。由高层住宅、洋房、别墅，以及配套商业、社区医疗联合体、幼儿园等多项业态组成。

楼栋布局按产品分区，空间节奏和天际线变化丰富，社区环境内向打造，景观最大化，空间分层级，生态、景观"全龄化"主题设置。

沿街配建连续商业，丰富城市界面，为社区居民提供便捷的生活服务；主入口空间收放递进，四地块两两相对，形成对称的入口景观，强调回家的仪式感；社区内部各自形成低密度洋房组团和别墅组团，庭院深幽、安全静谧，回归中国式悠然的院居生活；在外层商业街区和内部低密院落之间，点式布置高层住宅。

7. 展示区规划

展示区继承以厅、堂、线构成三进制展示区的传统规制结构，让古代的府邸在当代新生，彰显尊贵的同时，满足了各种销售展示功能需求。

中轴前院空间，形成开放且怀抱之感，同时强调礼宾感受，使之更具风格化和序列感；后院空间强调生活化场景空间景观打造，增加业主的乐享体验，强调文化感，满足功能性需求，尊享礼序典雅美学与建筑庭园。

8. 风格起源

古都风貌，匠心演绎东方情怀。

东樾城以西方美学架构与现代平面空间，叠加中国传统建筑设计元素，通过设计者对中式院落空间及中式文化生活的深层次剖析演绎而成。

建筑以红砖记忆为蓝本，结合现代造园工艺，匠心营造，因地制宜，藏尽文化造园精粹，简单中见雕琢，繁复中见智慧。

9. 营销中心

秀樾横塘十里香，水花晚色静年芳，燕支肤瘦熏沉水，翡翠盘高走夜光。

营销中心立面尊极面阔五间，庄重红砖装饰典雅石材，构建上大量采用直线手笔，与东方美学中方正、取直的理念相契合。视线中心融入精致玻璃中庭，现代与传统跨越时空在此对话。中庭内部采用石材构建、金属镶嵌的打造形式。整体设计饱含东方气质，融合中西生活哲学的精工尺度，设计与人文一脉相承，彰显当代文化自信。

细部设计精妙融入中国传统元素。屋顶展重檐飞挑，檐下金属雀替，檐底封檐板古币造型装饰，极具传统建筑神韵；柱头石刻中式回纹，寓意吉祥；窗间饰金属万字纹格栅，象征万古太平，溯源历史记忆的极致生活体验；底部置紫铜云纹壁灯，石刻汉白玉门鼓，传承现代府苑名邸的尊贵气质。

10. 联排别墅

联排别墅选用雅致的米色石材搭配红砖贴面，点缀咖啡色金属漆，露台部分穿插玻璃栏板，

整体立面气质典雅又颇具时代气息，满足现代人的审美情趣。

入口门头的"广亮大门"选用石材和铜饰进行打造，古典形制，用现代手法演绎，形成本项目独具特色的标志符号。

11. 电梯洋房

洋房的立面采用经典的红砖、石材三段式处理，利用建筑形体和柱式的穿插突出层次。

顶部出挑的飞檐下点缀穿斗雀替万字纹，具有传统建筑神韵，形成视觉焦点。

基座部分大量石材加局部金属板的设计，将中式的美学品位与西式的精工尺度完美融合，设计与人文一脉相承。

12. 高层住宅

高层住宅采用米色石材搭配底部红砖基座，立面风格现代典雅。底部红砖呼应洋房和别墅的立面，色调和谐统一。整体造型简洁、大气，尺度适宜，注重细节。着重设计入口门头和大堂，强调尊贵的入户感受。

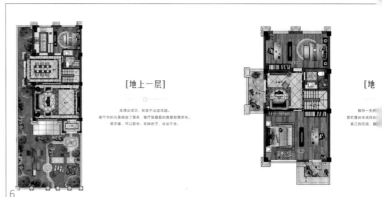

5- 电梯洋房 C2 户型图
6- 联排别墅户型平面图
7- 展示区规划图
8- 联排别墅立面图
9- 实景图
10- 高层南立面图
11- 电梯洋房立面图
12- 社区入口
13- 营销中心院落

单｜位｜介｜绍

单位名称：北京墨臣建筑设计事务所
通信地址：北京市西城区佟麟阁路 85 号 A 座 100031
网址：Http://www.mochen.com

南宁融创九棠府

申报单位：开朴艺洲设计机构
申报项目名称：南宁融创九棠府
主创团队：蔡明、韩嘉为、杨浩、黄勇、唐丽群

项目用地位于南宁市五象新区东南侧，北侧紧邻体育产业城，近区域CBD，周边有优质教育资源。项目临近规划中的五象四湖，将拥有丰富的景观资源。

该项目总体定位是以休闲生态居住为主，集商业配套于一体的高端生态居住区，意在打造绿色、低碳的中国现代社区生活的典范。建筑以新东方风格体现项目高贵品质，符合独特的秀丽岭南风情，为邕城增添一张绚丽的城市名片。

建筑根据用地情况将主入口置于稔水路，方便人流进出，有利于打造稔水路的商业街。

项目总体为全高层点板结合贴边式布局，整体南低北高，最终形成完整规划形态和双中心花园的空间效果，呼应五象片区山势起伏变化。

在现有用地条件的情况下，为了营造一个灵活多变的宜居景观空间，低密度文化、生态、健康的居住社区，方案设计成一个开敞的共享空间，为人们提供了一个通常开阔的视野环境。

在新材料新技术不断涌现的今天，采用简约东方的整体立面风格，在迎合市场追求东方建筑风格的同时又增添了时代感，亦是为探究在极具时代感的建筑形式中，如何创造出继承地域传统文化的建筑语言。

项目以简约的设计手法为基础，摒弃繁杂的纯欧式符号，灵活地提炼简化、综合运用传统中式符号，设计出舒展大气的立面效果，呈现出特点鲜明、个性突出的建筑形象，打造具有独特东方气质的文化府邸。

建筑立面通过构成、色彩、虚实的演绎与诠释，营造出舒适宜人的商务与人居氛围，使其在各个方向均绽放出别样的光彩——无论是从城市远眺，还是置身其中，均能体验到全景式的优美画面。

〉》项目基本信息

项目地点：广西南宁
占地面积：97276m²
建筑面积：485466m²
容积率：3.50

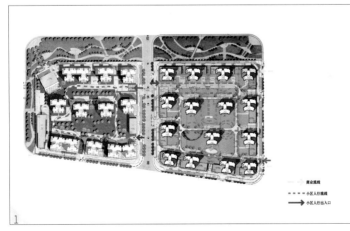

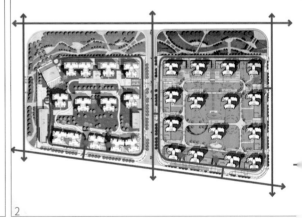

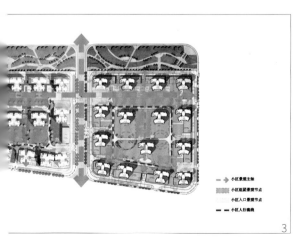

1– 人行交通分析图

2– 车行交通分析图

3– 景观分析图

4– 沿街透视图

5– 单体透视图

6– 沿街夜景透视图

7– 规划总平面图

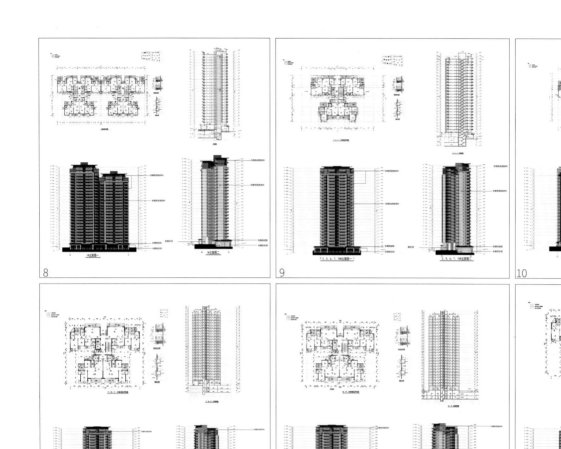

8-1# 平面、立面、剖面图

9-2、5、6、7、10# 平面、立面、剖面图

10-3、8# 平面、立面、剖面图

11-9、11# 平面、立面、剖面图

12-12、16# 平面、立面、剖面图

13-13、15# 平面、立面、剖面图

14-17、20、21、23# 平面、立面、剖面图

15-18、19、22# 平面、立面、剖面图

16-23、28# 平面、立面、剖面图

17-25、26# 平面、立面、剖面图

右底图－鸟瞰效果图

C&Y 开朴艺洲

单 | 位 | 介 | 绍

单位名称：C&Y 开朴艺洲设计机构

通信地址：深圳市南山区学苑大道 1001 号南山智园 A4 栋 11 楼

主页网址：Http://www.cyarchi.com/

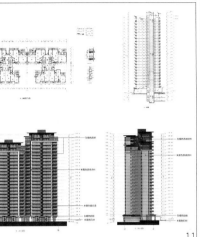

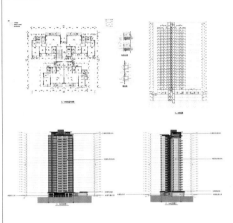

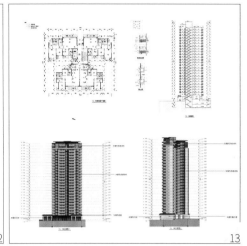

11

12

13

厦门龙湖马銮湾项目

申报单位： 深圳市易品集设计顾问有限公司
申报项目名称： 厦门龙湖马銮湾项目
主创团队： 许大鹏、李正春、Ruben、张宇、戴铜辉

该项目位于海沧区，马銮湾板块，厦门最新开发片区，新的厦门副中心城市，距离传统厦门核心区 15km，地铁 2 号线（2019 年开通）6 站到达，公路交通约 15 分钟进岛，2019 年海沧隧道通车后 8 分钟进岛，交通便利，项目南临马銮湾大道，西临灌新路，东侧为马銮湾东路，北至后柯东路，地块之间为规划道路。

项目用地周边配套齐全，地块北侧为小学及幼儿园教育用地，东侧未来为马銮青少年宫等市政配套设施用地，并且地块北侧及东侧均有商业配套。随着板块内交通、生活、产业配套逐步完善，将吸引人口快速导入，产业集群效应带动就业，片区吸附能力不断增强。

区位紧临城市主干道马銮湾大道，可通过翁角路进入新阳隧道至海沧大桥进岛；距该项目 2km 处的厦门第二西通道正在施工中，预计 2019 年底开通，未来进岛仅需 10 分钟车程；地块东北侧有轨道 2 号线经过，在地块南侧 300m 左右设有新坡村站点；"两环八射"路网，通过灌新路可快速连接岛内及岛外主要核心区。

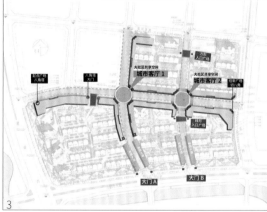

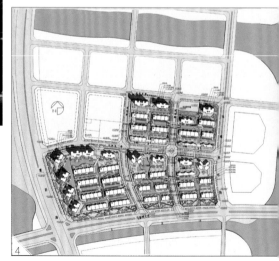

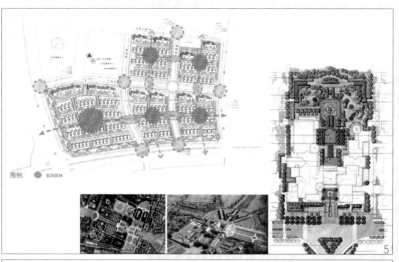

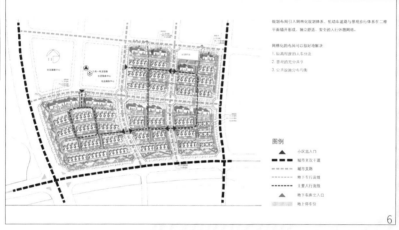

1— 售楼处实景照片

2— 叠拼户型效果图

3— 功能分区图

4— 规划总平面图

5— 景观分析图

6— 交通分析图

7、8— 商业体块模型效果图

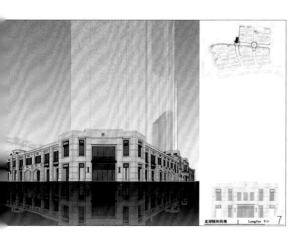

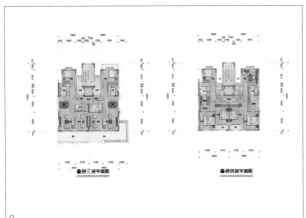

9

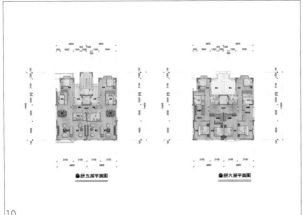

10

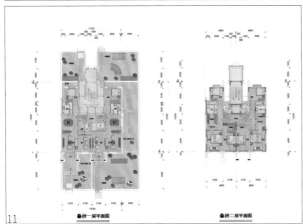

11

12

13

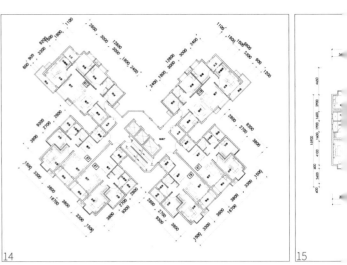

14

15

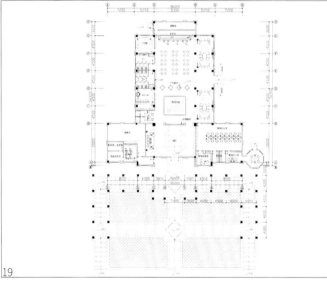

9、10、11– 叠拼户型平面图

12– 售楼处效果图

13、16– 售楼处实景照片

14、15– 高层户型平面图

17、18– 高层户型效果图

19– 售楼处一层平面图

单｜位｜介｜绍

单位名称：深圳市易品集设计顾问有限公司

通信地址：深圳市南山区海德三道天利中央商务广场
B 座 1606

主页网址：Http://www.epgarch.com

遵义干部学院校园规划方案修建性详细设计

申报单位： 贵州省建筑设计研究院有限责任公司
申报项目名称： 遵义干部学院校园规划方案修建性详细设计
主创团队： 马筠、代宁、王朔、刘欣、陈佳佳、陈程、陈丹丹

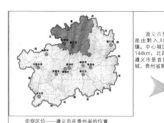

遵义干部学院坐落在历史文化名城遵义市新蒲新区中心城区，是经省委组织部、省编办批准设立的一所省市共建、以市为主管理的干部学院。遵义干部学院建成后主要具备三个功能：教学功能、会展功能、研究功能。

遵义是我国具有特殊革命意义的城市之一，与此同时，黔北地区的独特风貌，在我国众多有特色的地域文化中，更是独树一帜。结合此次干部学院性质的特殊性，对项目提出了"传承红色经典，再现黔北之风"的设计理念。既尊重历史，进一步继承和发扬遵义市的红色文化，塑造当代共产党人的精神家园；同时尊重自然，进一步继承和大力发扬黔北建筑的独特风貌，彰显地域特色。地域文化与红色传统的完美集合，孕育着又一个高质量的干部培训基地。

总体规划布局围绕"英雄足迹，红色之路"的设计立意，在主轴线上通过台阶踏步、标语、雕塑将红色文化的历史串联起来，同时将校园各功能区串联起来，形成校园最为主要的景观轴线。生活区则围绕山体景观营造宁静和谐的生态景观氛围。前后两区的景观在性质上通过综合主楼前后的广场，从公共走向宁静，从开放走向私密。景观主线的冷暖变化契合了功能分区的要求，由前到后，由外至内，由动转静的转折与变化，不仅给人们心理上不同环境与意义空间的认知和定义，更是象征了遵义这座"转折之城"的重要历史节点意义。

建筑立面设计遵从"以历史文脉为大背景，以绿色生态为主原则，以红色文化为大立意"的设计理念，力求庄重大方的建筑形象、自然健康的生态形式及主流向上的文化立意。突出教学综合楼、礼堂等重要建筑的标志性。造型来源于遵义会址的建筑风格，唤起师生对遵义会议及红色文化的共鸣。通过建筑依山而建、部分底层架空等山地建筑的设计手法，表现了建筑与环境的融合，强调现代校园与自然生态的共生共融。运用黔北地区传统吊脚楼建筑形态，表现建筑通透秀巧之美，既体现校园的时代特色，又不失黔北的地域建筑特色。

该项目于2013年开始设计，2015年竣工投入使用，并获得广泛好评。

〉》项目基本信息

(1) 学员规模：1000人；

(2) 总用地面积：200324m²（约合300亩）；

(3) 总建筑面积：61668.4m²；
其中地上建筑54361.1m²，地下7307.3m²；

(4) 总占地面积：19177.6m²；

(5) 容积率：0.27；

(6) 建筑密度：9.5%；

(7) 绿地率：46%。

1- 区域认知图
2- 场地认知图
3- 规划理念图
4- 规划结构图
5- 功能分区图
6- 交通流线分析图
7- 景观规划图
8- 总平面图
9- 鸟瞰效果图
10- 综合楼夜景效果图

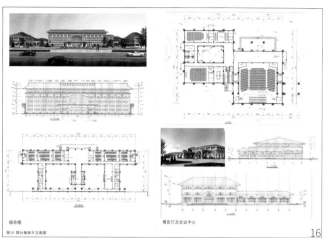

综合楼

图10 部分单体平立面图

报告厅及会议中心

11- 综合楼日景效果图

12- 专家楼效果图

13- 文体活动中心效果图

14- 报告厅及会议中心效果图

15- 学员宿舍一号楼效果图

16- 部分单体平立面图

17- 鸟瞰实景图

18- 综合楼实景图

19- 文体活动中心实景图

20- 学员宿舍实景图

贵州省建筑设计研究院有限责任公司
Guizhou Architectural Design & Reseach Institute Co.,Ltd.

单｜位｜介｜绍

单位名称： 贵州省建筑设计研究院有限责任公司

通信地址： 贵州省贵阳市观山湖区林城西路 28 号

主页网址： http://www.gadri.cn/

西湖村、湖门村村庄发展规划和空间设计

申报单位：北京清华同衡规划设计研究院有限公司
申报项目名称：西湖村、湖门村村庄发展规划和空间设计
主创团队：闫琳、张啸、翟俊、袁磊、金龙林、孙福庆

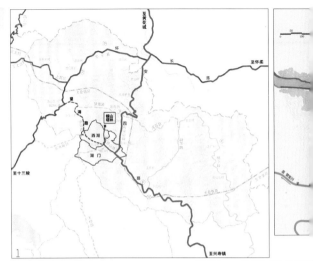

西湖湖门村位于北京市昌平区延寿镇，是著名的十三陵核心景区——银山塔林的唯一入口，也是昌平区发展沟域经济的重要节点。两村共有户籍人口约500人，村庄建设用地约10hm²。

项目从北京大都市周边地区乡村发展需求入手，以解决乡村发展问题为核心，聚焦村庄做什么、怎么建、怎么吸引人三大重点，通过产业策划—空间设计—建设实施的全程咨询服务，打造一处特色化、精品化的村庄，将村庄规划从纸上落到地上。

项目充分挖掘村庄本地资源特征，重点考虑村庄与银山塔林的历史渊源和因银山塔林的历史兴衰而发展演变的过程，结合周边优美的自然风光，将"山水林、寺塔村"提现到西湖、湖门村庄发展的自然与人文脉络。将村庄发展定位为"以银山塔林为依托，以山水景色为特征，突出佛善文化、生态休闲、康体养生三大主题的一处山水田园，生态果岭、佛禅仙境的人居小山村"。

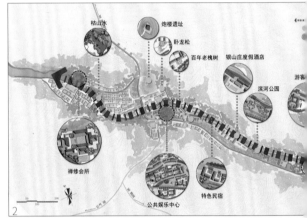

产业方面，通过对客群精准定位，紧扣北京客源市场需求，发展小而精、特而优的精品乡村特色产业。以生态旅游和文化旅游为核心，使村庄、景区和产业融为一体，通过各种形式的产业项目策划，将吃、住、行、游、购、娱、体、学、悟等要素注入其中，形成生态、形态、业态有机结合，协调发展。

空间营造方面，通过对村庄空间的抽象识别，寻找本土文化记忆，以"一圈山、一群塔、一条溪、一片村"的意象设计，保持村庄与自然山水格局的呼应；在村庄内部，以精细化的空间营造方式，延续村庄的文化脉络。规划找准村庄空间的最大特色——贯穿两村中央的一条小溪水，展开"一水贯穿、多点串联"整体空间设计。以水为轴，沿途规划滨水商业街、九兴亭、漫水桥、双洞桥、禅院等若干特色空间，形成移步换景，具有情节的"叙事游览"体验。围绕水的灵魂，营造动静分区、凝练建筑符号、整体提出空间控制导则，并针对若干节点展开特色建筑打造。

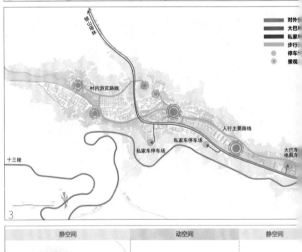

实施运营方面，规划对重点改造项目进行估算，应对村庄开发需求，以小规模渐进式改造方式实现村庄的有机更新。同时参与营销事件策划，对村庄开发全程跟进，提供全方位的咨询服务。村庄自2016年下半年开始施工建设，先后进行了河道疏浚、沿河景观整治、环境美化、道路修建、小品布置等建设，同时按照规划设计风格改造了3处农家院，开展民宿运营，初步达成了规划设计的目标。

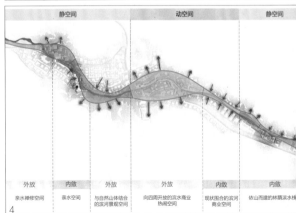

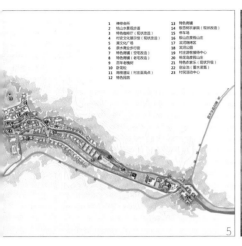

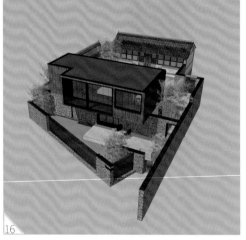

12— 九兴亭

13— 已建成民宿——老家记忆

14— 已建成民宿——橘子红了

15— 已建成民宿——核桃源

16— 院落 A 改造

17— 滨水商业街西入口

18— 滨水商业街局部改造

19— 禅院改造图

20— 院落 C 改造

21— 院落 B 改造

单│位│介│绍

单位名称：北京清华同衡规划设计研究院
　　　　　有限公司

通信地址：北京市海淀区清河中街清河嘉
　　　　　园，东区甲 1 号楼，东塔 17 层

主页网址：http://www.thupdi.com/

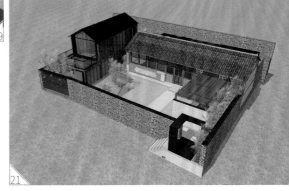

吉林省抚松县松江河镇棚户区改造项目（一期）

申报单位：菏泽城建建筑设计研究院有限公司
申报项目名称：吉林省抚松县松江河镇棚户区改造项目（一期）
主创团队：马传君、孟娟、施现宾、张磊、薛伟帅、孙莉、田孟鲁

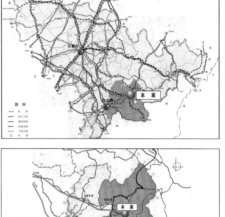

1. 项目概况

　　该项目所在地松江河镇位于吉林省东南部、长白山西麓，系中国人参之乡、蓝莓之乡，素有"长白山下第一镇"的美称。本项目距长白山西坡山门34km，距长白山天池50km，距长白山机场15km，地理位置十分优越。

　　该项目北邻三江路，西邻温泉街，南邻横一路，东邻规划支路。项目用地呈"T"字型，用地面积67794.65m²，总建筑面积76500m²，地上建筑面积76295m²，容积率1.13，设计住宅848套。

2. 设计理念

　　(1) 关注生活的需求和细节，从使用与空间两个层面提升社区的整体品质。

　　(2) 低生活成本，高生活享受：以家庭生活为原点，户型合理舒适，配套设施齐全。

　　(3) 强化居民的认同感和安全感：通过围合及半围合的建筑布局，形成社区交往空间。

　　(4) 发掘最大景观价值：尽可能地拓展住区内部的景观环境空间，把住宅融于自然环境之中，使之和谐共生。

　　(5) 回归传统人性化社区：以院落组团的方式寻回往日亲切的生活空间。

1– 区位分析图	6– 竖向规划图
2– 鸟瞰图	7– 动态交通规划图
3– 规划总平面图	8– 静态交通规划图
4– 现状高程分析图	9– 消防分析图
5– 现状坡度分析图	

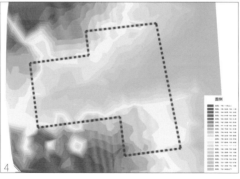

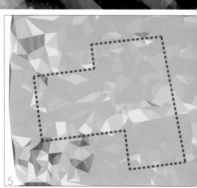

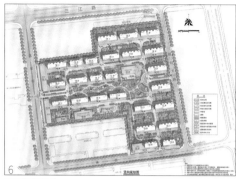

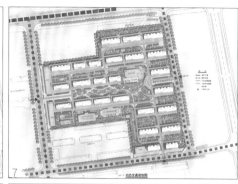

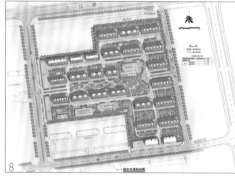

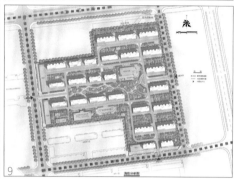

3. 规划结构

自西向东设计一条贯穿于小区的公共绿化带，两侧建筑围绕中心绿带展开布置。住宅顺应周边地块及地势，保证了所有住宅有良好朝向，使每户宽阔通透，户户观景，视野空间极佳。

4. 建筑布局

结合自然地形、道路等，环绕中心绿地呈围合布局，形成以中心公共绿地中心的开放式构架，保证每栋建筑都有良好的景观视线。住宅建筑按照公共空间—半公共空间—私密空间的自然过渡，突出小区—组团—住宅层次分明的空间布局。

5. 道路交通组织

结合用地形态设置环形车行主路，既满足消防及交通，亦不破坏区内景观系统。小区采用室内停车和室外停车两种停车方式。在住宅一层设置地上室内停车，既方便车辆出入，又能满足冬季防寒要求。沿每小区环路局部布置室外停车位，采用嵌草砖铺装，并考虑结合环境设置树木、花架等遮阳设施。

6. 绿化景观

利用贯穿小区的主要景观轴线——绿谷走廊，保证更多的住户都有良好的景观视线。采用大面积的缓坡草地、密植的树林、不同材质的铺装路、景亭等，结合满足观景、休闲、健身、娱乐、交往等功能的活动场所，来满足社区内不同年龄阶段人群对景观的需求。

7. 建筑设计

户型设计尽可能做到南北通透，全明设计，通过平面组织，提高户型品质，降低公摊率。立面设计以暖色调为主，强调色彩合理搭配，营造一种温馨秩序感。整体轮廓线条优美，形成建筑高贵内敛的艺术气质。

8. 工程进度

该项目于2015年开始设计，历时1年。2016年全面推进施工，不分期建设。预计2018年交付使用。

单 | 位 | 介 | 绍

单位名称：菏泽城建建筑设计研究院有限公司
单位地址：菏泽市中山路 96 号

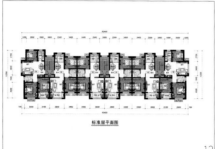

标准层平面图

12

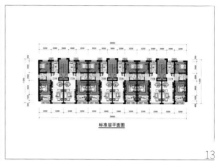

标准层平面图

13

标准层平面图

14

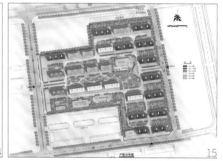

15

16

17

18

清华科技园（珠海）园区续建工程

申报单位：深圳市方佳建筑设计有限公司
申报项目名称：清华科技园（珠海）园区续建工程
主创团队：林文、岳龙、周鸽、缪胜泽、查文虎、王星、毕小瀛

1. 项目概况

　　珠海于 1980 年成为经济特区，东与香港隔海相望，南与澳门相连，西邻新会、台山市，北与中山市接壤。珠海海岸线长 604km，有大小岛屿 146 个，有"百岛之市"的美誉。

　　该项目位于珠海香洲区唐家湾畔，背靠南山，离海较近，毗邻港湾大道城市干道，与中珠海校区相邻，环境优美，交通便利。

　　（1）地块西北与西南为南山所环抱。

　　（2）地块内保留有已建设的一栋产业办公和一栋宿舍，以及一座食堂与配套复合功能的多层建筑。

　　（3）项目用地中部有人工湖，水质优良。

2. 建筑设计

　　该项目重点突出空间设计，强调建筑与环境的关系，建筑群体充分尊重场地与环境的自然性与生态性，保证功能空间使用性的同时，各个建筑之间形成透气空间，使得方案与周边优美的山体水景资源完美结合。

　　通过深入研究场地关系和考虑未来功能空间的实用性，采用多样化的建筑形体和多样性的空间设计。在常规的空间上，充分借鉴成熟空间的较强适应性，利用若干不同空间的组合，形成符合多样功能的可变空间，平面设计中采用适当的尺度，各空间独立，联系紧密，功能流线清晰简洁。

　　立面设计上采用回归现代主义的理性空间，重新追寻功能美和人情味的和谐统一，以简约、洗练、纯净主义风格，使建筑的情感回归于宁静与自然，对抗社会中浮华花哨的建筑风格和浓重的商业主义倾向。以科技的文化背景，赋予建筑一种创新与知识的力量感。配套建筑则通过材料的对比与形式，凸显人文的关怀。

珠海产业园经济技术指标			
项目	单位	数量	备注
用地面积	m²	144785.17	
总建筑面积	m²	435780.58	
计容建筑面积	m²	361462	
已建建筑 创业大厦	m²	41550	
宿舍	m²	40000	
综合服务楼	m²	45600	
创新大厦G、H座	m²	11400	
新建建筑 科研办公	m²	88607.82	
LOFT办公	m²	42486.84	
总部办公	m²	41000	
专家高级公寓	m²	15500	
人才公寓	m²	19805.56	
中试基地	m²	20000	
交流中心	m²	3500	
配套商业	m²	4000	
不计容建筑面积	m²	74318.58	
容积率		2.5	
绿化率	%	35.00	
覆盖率	%	25.61	
停车位	辆	1930	
其中 地下停车位	辆	1755	
地上停车位	辆	175	

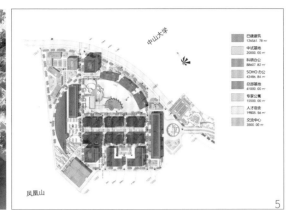

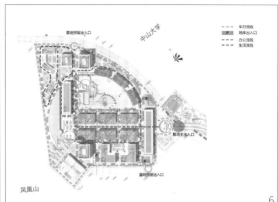

1– 珠海产业园经济技术指标图
2– 景观分析图
3、7– 区位分析图
4– 总平面图
5– 功能分析图
6– 交通流线分析图
8– 鸟瞰图
9– GH 座透视图
10– 总部基地平面、立面、剖面图

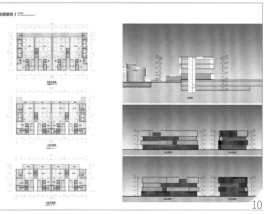

3. 总平面规划设计

高层办公环境的问题已经成为这个时代普遍的问题。一个界定的围合空间常常割裂了邻里的交流、自然的渗透和外部环境的感受。因此在设计中特别注重"依山傍水"环境中的交流空间营造。

（1）依山就水：项目在充分考虑周边与地块内的优劣势后，依山就水成为设计的指导原则。项目通过错落的手法向外向山展开，向内向水叠落。

（2）空间过渡：根据"景观过渡"的分析，集中思考园区与城市之间的联系。项目的主入口设置在东南面。在原有建筑与新建建筑的过渡上，利用交通组织核的下沉广场，对人流形成"收"，从视觉和引导性上将人流集中至主入口，再"导"入各处。

单 | 位 | 介 | 绍

单位名称： 深圳市方佳建筑设计有限公司

通信地址： 深圳市福田区车工庙泰然七路 25 号苍松大
厦北座 1201

主页网址： http://www.fangjia.cn/

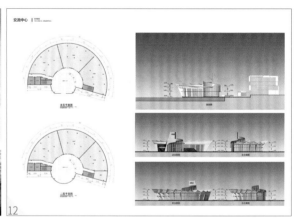

景宁县"水隅仙境"生态旅游开发项目

申报单位： 泛华建设集团有限公司
申报项目名称： 景宁县"水隅仙境"生态旅游开发项目
主创团队： 刘扬、徐鑫、彭为民、路明、郑英艇、茅中华

1. 设计理念

该项目构思起源于千峡湖，结合项目的整体定位，创作了一个高品质的以"景观"和"旅游"为生态休闲的综合体。

从项目的区位价值、旅游价值、景观价值三方面入手进行系统分析，设计方用城市总体发展的眼光，兼顾政府和开发商对项目开发的期望，为城市和商人创造共赢的局面。

从功能上，整个地块分为两种不同性质的用房：配套管理用房、酒店。其中管理用房共 4 栋，管理用房一及管理用房三为 4 层，局部 2 层，管理用房二及管理用房四为 3 层，局部 2 层。酒店为 4 层，局部为 1 层，18 栋生态养生酒店为 2～3 层；地下一层为配套设备用房。

该项目处于景宁县城区城东 4.2km 千峡湖，地块临山、临水，山体地形较为丰富，自然环境优美，有着丰厚的自然底蕴。

2. 项目的基本信息和经济技术指标

（1）地理位置

该项目基地地处浙江丽水市景宁县，位于丽水市南面，景宁畲族自治区北面，云和县东面，基地连接着 52 省道，距离景宁畲族自治区 4km，丽水 52km，云和县 12km。

（2）规划指标

规划地块控制指标：总用地面积为 19834.7m²，容积率不大于 1.1，建筑密度不大于 40%，绿地率不小于 40%，建筑（檐口）高度不大于 15m。

（3）建设内容

规划建设内容：建设配套水隅仙境生态旅游开发项目的 4 栋管理用房，以及 1 栋酒店、18 栋生态养生酒店。

（4）建设指标

实际建设规模及内容：总建筑面积 22059.74m²，分为计容建筑面积 21759.4m²（包括管理用房、酒店、生态养生酒店面积），不计容建筑面积 300.34m²，（包含地下室建筑面积 122.74m²，架空层建筑面积 177.6m²）。建筑层数为地上 1～4 层，建筑（檐口）高度为 6.68~14.45m，地下 1 层（局部有地下夹层），共设 179 个地面机动车停车位。容积率 1.1，建筑密度 37.82%，绿地率 40%。该项目工程设计使用年限为 50 年。

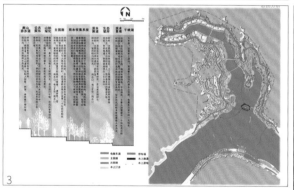

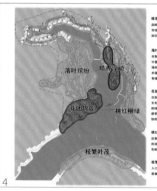

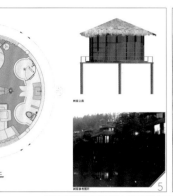

1— 区域位置图
2— 功能分区图
3— 交通分区图
4— 景观分区图
5— 圆形树屋户型图
6— 圆形树屋效果图
7— 总平面规划图
8— 双拼A户型图
9— 垂钓中心效果图

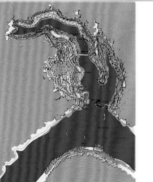

（5）经济技术指标

项目名称		项目名称	项目名称
总用地面积		总用地面积	总用地面积
其中	生态养生酒店 (地块 A) 用地面积	m²	9800.73
	管理用房三、四 (地块 B) 用地面积	m²	2159.03
	酒店 (地块 C) 用地面积	m²	2125.67
	管理用房二 (地块 D) 用地面积	m²	932.2
	管理用房一 (地块 E) 用地面积	m²	4817.07
总建筑面积		m²	22059.74
其中	计容建筑面积	m²	21759.4
	管理用房一	m²	4024.82
	管理用房二	m²	1387.22
	管理用房三	m²	1259.39
	管理用房四	m²	1777.84
	酒店	m²	2985.48
	生态养生酒店	m²	10324.65
	不计容建筑面积	m²	300.34
	地下室面积	m²	122.74
建筑占地面积		m²	7502.15
建筑密度		%	37.82
容积率			1.1
绿地率		%	40
机动车停车数		辆	179

10— 双拼 B 户型图

11— 双拼 C 户型图

12— 双拼 D 户型图

13— 管理用房立面图、透视图

14、18— 半岛酒店效果图

15— 水上世界效果图

16— 鸟瞰图

17— 方形树屋效果图

19— 双拼建筑效果图

20— 游步道效果图

单｜位｜介｜绍

单位名称： 泛华建设集团有限公司杭州分公司
通信地址： 浙江省杭州市萧山区钱江世纪城鸿宁路
　　　　　　左右世界 2 号楼 1701
主页网址： http://www.fanhua.net.cn/

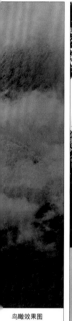

鸟瞰效果图

树屋和空中栈道效果图

17

18

20

19

四川绵阳龙门古镇规划建筑景观设计

申报单位: 昂塞迪赛(北京)建筑设计有限公司
申报项目名称: 四川绵阳龙门古镇规划建筑景观设计
主创团队: 刘亮、杜春博、方华、王喆、马传胜

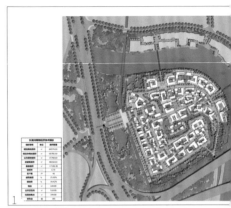

该项目地处文化底蕴深厚的四川绵阳,基地交通便利,地景资源丰富,长滩河在地块中蜿蜒而过,为整个设计的构思提供了出发点。结合周边未来丰富的功能板块,拥有得天独厚的发展机遇和发展前景。

整体布局设计以川西文化特色结合丽江古镇、江南水乡的自然肌理打造一个由水、院、街自然交织的"虽由人作、宛自天成"的龙门古镇。整体水系设计不拘一格、形态各异,滨水功能布局丰富;院落布局在平面和竖向两个维度上均多有变化,空间感受饱满;街道设计复杂曲折、具有落差对比,呈现出古镇特有的街巷风情。

满足游客对于古镇的各个方面的功能需求,提供包括商、食、游、宿等多种具有川西古镇风情的特色服务。充分发掘古镇特有的空间景观形态,打造原汁原味、原生态的高低错落、开合有致的特色空间。在充分利用特有的地景水系资源,以动态的水景串联整个古镇空间,增加空间的趣味性同时,又为游客提供了不同以往的亲水体验。

采用了符合当地生活习惯的"一院一景"建筑设计方案。框架的结构形式更让建筑功能布置更加灵活丰富。院子之间采用了可分可合的设计,满足商业居住使用等多方面要求。建筑的风格力求有江南民居的优雅隽秀的气质,配上部分现代风格立面的装饰,塑造了一个具有地域文化内涵、富有历史感且与自然相近相融的民居古镇。

建筑空间采用了江南民居古建筑的一些元素,形成私家园林空间,让园林居民化,并结合现代人的生活方式造就了富有特色的民居古镇。立面设计仿古风格,采用了古建筑中"硬山、悬山、马头墙、斗拱、花格窗"等古建元素,局部立面又采用一些现代工艺与材料,如落地的杆结构、玻璃窗等,加之丰富的色调搭配,立面造型虚实有致,使建筑达到传统与现代的交融,富有了生命力,给人亲切、自然、古朴、历史感。

以慢节奏、雅滋味为神,以水乡、小巷、精巧院子为骨,以亲人尺度的景观小品、建筑细部和小空间为肌,创造"筑旧如旧"的现代小镇。身临其中不仅能体会到"人在屋中居,船在水中游"的美妙,幽静的小院还同时兼顾了曲径通幽与自然结合的要求,使游人身在其中既可体验到安全的私密感,又可闻鸟语、嗅竹香,水从院前过,使人们即刻全身心放松,醉心于这古色古香和清新自然中,在畅游中不经意的眼前一亮:你站在桥上看风景,看风景的人在楼上看你,实现人与景完美自然的融合。

该项目设计为绵阳呈现,一座兼具江南水乡温婉之美和川蜀繁茂老城之美的特色小镇,也为久在城市樊笼里的现代人打造一个地处近郊、须臾可达的温情小镇。

〉》**项目基本信息**

项目位置:四川省绵阳市
项目用地:8.4hm²

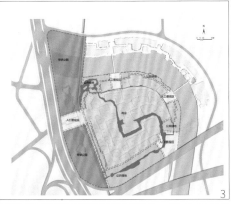

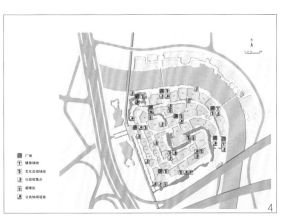

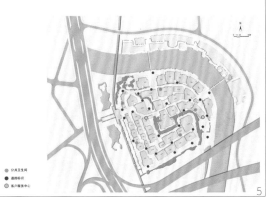

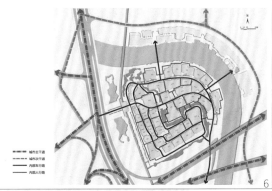

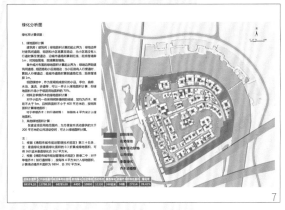

1- 总平面图

2- 整体夜景鸟瞰图

3- 功能分析图

4- 公建设施图

5- 配套服务图

6- 交通分析图

7- 绿化分析图

8- 效果图

9- 古镇鸟瞰图

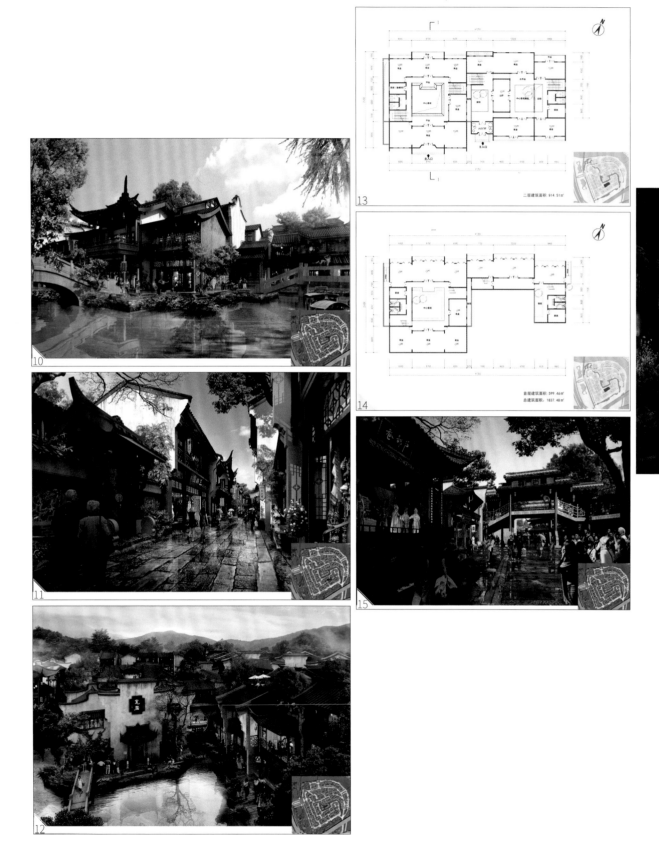

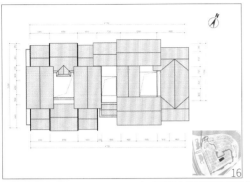

单 | 位 | 介 | 绍

单位名称：昂塞迪赛（北京）建筑设计有限公司
通信地址：北京市海淀区马甸东路 19 号金澳国际 B 座 217
主页网址：http://on-site.com.cn/

内蒙古额济纳旗大漠胡杨居延文化旅游区游客服务中心

申报单位: 泛华建设集团有限公司
申报项目名称: 内蒙古额济纳旗大漠胡杨居延文化旅游区游客服务中心
主创团队: 张峰、朱建军、张红卫、张扬、武淼、李洪涛、刘字峻、史军

该项目位于内蒙古阿拉善盟额济纳旗达来呼布镇东南，胡杨林景区边，是走高速路进入额济纳旗的第一站，也是额济纳旗的旅游形象窗口。

大漠胡杨是额济纳旗最强有力的旅游产品，春夏的绿色，秋季的黄色，冬季的红色，多姿多彩的胡杨诠释着季节美，吸引着各路游客；掩映在大漠胡杨中的自驾游营地，让随心而动、随景而营成为可能，诠释着与胡杨亲密接触的天人合一境界。

该项目设计就取意于横卧戈壁千年的胡杨枯枝，整个建筑形态遒劲苍莽，横卧于大漠之上，极具地方特色与艺术美感。

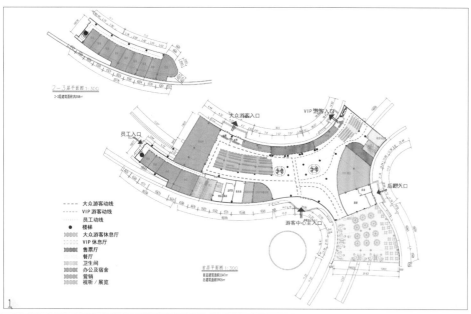

1- 功能分析图
2- 全景鸟瞰图
3- 设计构思示意
4- 建筑立面图
5- 建筑剖面图
6- 总平面图
7- 交通分析图

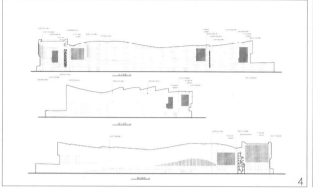

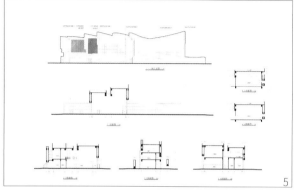

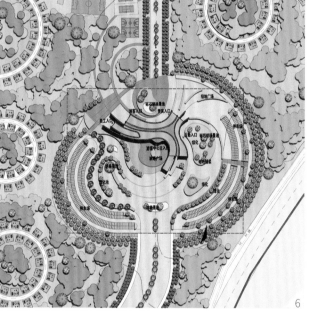

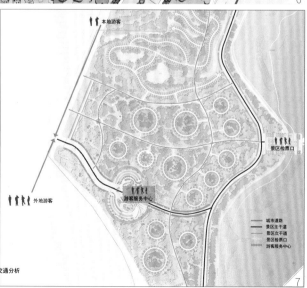

项目建筑形体呈现自由曲线形态，划分为三个曲线形体，之间以采光玻璃天窗带相连接，是建筑在室内的"光脊"，为室内空间增添了自然的光线。三翼内部的主要功能分别为：游客购票等候、VIP游客等候、餐饮用房。内部空间自由流动，便于灵活划分。同时形体高低起伏，呈现三维立体空间的雕塑感，但是在设计上实际保持墙面为垂直，依靠垂直方向的起伏剪切达到效果，也为后期施工降低了难度，缩短了施工工期。

建筑表面采用仿夯土涂料，沧桑粗砺，外墙水平肌理与黑城子的千年夯土墙肌理类似，也可以视为沧桑的胡杨树干表皮。

建筑玻璃幕墙结合砖块工艺，以不同角度旋转的砖块形成特色装饰，砖块各个面涂饰有黄色、红色、橙色的不同色彩，营造出胡杨林随风拂动、色彩绚烂的造型意境。采光天窗之上及部分幕墙外，在两堵墙体之间，就地取材，用大漠遍布的胡杨枯枝搭接钉牢，形成独具地方特色的线条装饰，光影之下极具现代抽象美感与自然意趣。

面对大漠胡杨，任何矫揉造作的纤细形态都无法与之相协调，该项目设计以横亘大地的自然曲线形态，粗粝雄厚的混凝土墙体，对于胡杨那强烈生命色彩的抽象表现，来传达对于这片土地的崇敬，对于胡杨生命之美的由衷礼赞！

建筑造型：

造型墙面拟采用特色造型混凝土墙体，粗糙的水平机理与黑城子的千年夯土墙机理类似，也可以制作明暗那冷叠的树干表达。

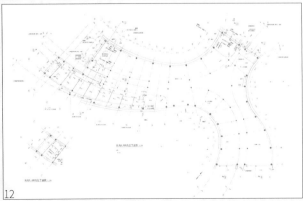

工艺，以不同角度旋转的砖块形成特色装饰，砖块各
红色、橙色的不同色彩，由于角度的变化产生风吹胡
，随风拂动的效果。

部的主要功能分别为：游客购票等候、VIP游客等候、餐饮用房。
间自由流动，便于灵活划分。

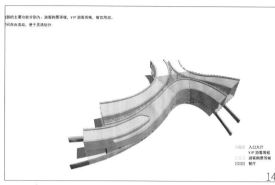

入口大厅
VIP游客等候
游客购票等候
餐厅

14

由曲线形态，似卧于戈壁千年的胡杨枝干。

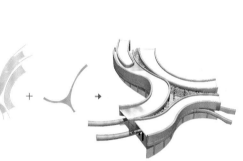

13

8、10— 透视图
9— 建筑造型分解图
11、12— 建筑平面图
13— 玻璃幕墙分析图
14— 建筑形体示意图
15— 建筑形体分析图
16、17— 室内透视图

15

16

17

单 | 位 | 介 | 绍

单位名称： 泛华建设集团有限公司河南分公司

通信地址： 河南省郑州市金水区农业路 72 号 2 号楼 24 层 2409 号

主页网址： http://www.fanhua.net.cn/

黔南民族医学高等专科学校新校区设计

申报单位： 贵州省建筑设计研究院有限责任公司
申报项目名称： 黔南民族医学高等专科学校新校区设计
主创团队： 马筠、代宁、王朔、柳洪、陈佳佳、毛秋菊、邹玮

黔南民族医学高等专科学校创建于 1985 年 11 月，是经教育部批准设立的全日制普通高等专科学校，是国家教育部、卫生部首批"卓越医生教育培养计划"改革试点院校。2013 年 4 月，黔南州委决定将黔南医专搬迁到都匀经济开发区建设新校区。至此，贵州省黔南医专新校区建设项目基本确立。

该项目建设地点为"都匀经济开发区中心组团科教园区"。项目用地规模为 535443m² （约 803 亩）。

1. 总平面布置

"一带、一轴、双翼展翅"的规划结构。

该项目规划有效避让自然山体，形成中部主环教学核心区，依附主环、两翼形成学生生活环；在功能上突出了教学核心区的内聚力，缩短了教学核心区与其他功能区的距离；在形态上寓意医科学子如猎鹰展翅、拍翼翱翔。体育运动、交流共享沿学府路布局，达到资源共享的目的。

"一轴"为校园的礼仪轴，将学校主要公共教学建筑布置于礼仪轴上，形如蛇杖，象征神奇的医术和中立的医德。礼仪轴以图书信息管理中心为核心底景，营造庄重、大气的校园广场。

"一带"为流经各功能区的水体景观带，中式庭院围合的学科组团沿水景带展开，并运用中式园林造景手法、营造"曲径通幽、步移景异"的人文校园意境。

2. 功能分区

综合规划结构，校园划分为以下功能区：礼仪入口区、教学核心区、两个学生生活区、体育运动区、交流共享区、独立实训区、生态药用植物园区。

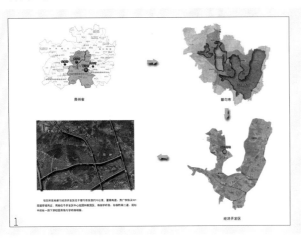

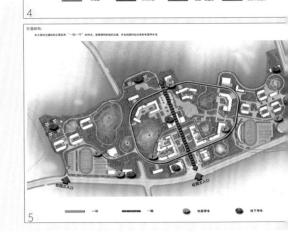

1- 项目区位图
2- 功能分区图　　　　　　5- 交通结构图
3- 分区开发示意图　　　　6- 步行系统分析图
4- 交通流线图　　　　　　7- 景观规划图

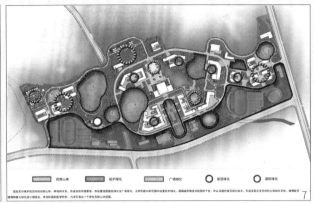

礼仪入口区：垂直学府路布置，直入教学区，该区域内部置图书馆、行政楼、礼堂等重要标志性建筑，烘托校园入口形象。

教学区：位于校区中部、布置公共教学实验楼及各学科组团。

学生生活区：分为两个区域，与相邻教学单元呼应，区内布置学生宿舍、食堂、学生活动中心及相应的运动场地。

体育运动区：分比赛区与运动区。比赛区位于校园东南侧、面向学府路、迎向黔南二道，便于向科教园区开放，区内布置标准400m跑到运动场、体育馆及室外运动场地，运动区临近学生生活区布置。

交流共享区：沿学府路、黔南二道均布置学术交流中心、科研机构，方便科技创新及学术联系。

独立实训区：位于校区西北角，区内布置动物养殖中心、后勤服务、青教公寓，位置相对隔离，有效避免该区域对教学的干扰。

生态药用植物园区：保留植被茂盛且地形坡度较大的山地，作为生态保护区，同时兼为药用植物种植区。

养老护理院：作为学校的附属功能，沿纵一路布置与较为平整的北侧用地、有独立的出入口、同时也是学校护理专业的实习场所。

3. 规划理念

"山水千万绕、君子此间行"：该项目总平面图布局遵循崇山自然、结合自然、高于自然的理念；通过对自然资源的保留、巧借、渗透、相融，以期形成"山中有校、校中有山，溪水相伴，绿带环抱"的有机形态。

地域风格：校园形态强调现代医科大学的共性，同时突出地域民族文化的个性。

校园文化：秉承医专办学宗旨"大爱铸魂、德在医行、技能立业、服务基层"。

4. 总图规划方案

通过现场产地踏勘、相关资料收集研究，在对校区的高程、坡向、用地、坡度、自然山体、道路状况、自然水系、自然山脉进行分析的基础上，结合规划理念，尽量保留并利用现有山体、水体，营造富有山地特色的"山水生态校园"。

规划在地块中部面向学府路建立礼仪开放空间，内部形成环形规划骨架。将教学、生活、体育、交流共享等功能合理布局其中，形成整体校园，并沿学府路打造科教园区的公共资源共享带，将重要公建布置其间、辐射服务整个科教园区，达到资源整合的目的。

建筑立面设计追寻稳重、简洁、大方而又不失现代教育建筑的特点。为了避免外墙立面呆板的样式，特意采用虚实对比的手法，通过不同开窗与实墙的虚实对比，使建筑物在统一中有变化，既融入环境又清新醒目。同时配合建筑体量的穿插变化及构成设计，以满足规划中对建筑形象的要求。

该项目于2013年开始设计，2016年竣工投入使用，并获得广泛好评。

〉〉**项目基本信息**

(1) 建设地点：都匀经济开发区中心组团科教园区学府路；

(2) 总用地面积：总用地面积535443m²（约803亩）；

(3) 总建筑面积：358530m²（地上335230.00m²，地下及架空层：23300.00m²；

(4) 建筑密度：10.24%；

(5) 容积率：0.44；

(6) 绿地率：64%（不可建设用地按绿地考虑）；

(7) 停车位：782辆（地面30%，地下70%公租房车位不计），其中，地上235辆，地下547；

(8) 学生规模10000人。

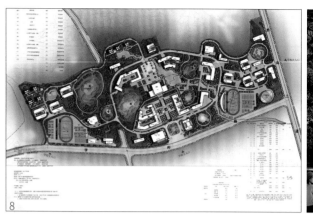

单｜位｜介｜绍

单位名称：贵州省建筑设计研究院有限责任公司

通信地址：贵州省贵阳市观山湖区林城西路 28 号

主页网址：http://www.gadri.cn/

洞头海洋生态廊道环东沙港村落环境提升总体设计

申报单位： 杭州潘天寿环境艺术设计有限公司
申报项目名称： 洞头海洋生态廊道环东沙港村落环境提升总体设计
主创团队： 朱仁民、蔡增杰、陈小燕、蔡薇、朱砂、周铁、董夏斌

　　环东沙港位于洞头区北岙街道东北首，具有优越的旅游和渔业经济区位。该项目设计范围共约117hm²，东西走向宽约2km，南北走向约1.5km，是洞头建设"海上花园"，推进全域景区化，消除淡旺季、增加集散地、延长游客逗留时间而提出的重大惠民实事工程。

　　该项目根据"全域景区化"的要求，按照区块现有的功能基础和未来发展的目标，提出"一环、三村、十景"的设计构思，并要求做到业态上能够全季候开展旅游活动。

　　一环：环东沙港海洋生态廊道，环线基本步行在两小时，提供游客全天候全方位旅游。

　　三村：从西往东依次为双垄村、东沙村、大王殿村三个村落的环境提升，通过开展环境卫生综合整治、绿化升级、沿路建筑外立面整治等措施，对村口、路口进行洁化、绿化、美化。

　　十景：遵循"消除淡旺季"的宗旨，景点的大部分地区做到全季候旅游开放。推进"全域化景区"的发展要求，提出打造"山海在望"、"曲港赏花"、"饮水思源"、"芦花朝圣"、"碧港松风"、"渔坞道情"、"祭坛夕照"、"亲子融春"、"踏海观日"、"守港听涛"等十大景点。

　　（1）"山海在望"：景点位于双垄村山顶，在山顶设置的垄顶观景亭台处可观海看山，俯瞰东沙港口全貌。

　　（2）"曲港赏花"：依托得天独厚的港湾资源，沿路改造现有建筑，增加人工沙滩，布置大量花卉汇集一起，宛如一座"海上花园"。

　　（3）"饮水思源"：该场地现状有多处水井，增加古井圈石，使其更显历史感。小游园周边的建筑外立面则根据整体环境需求进行提升，使得建筑景观协调统一。

1、6— 东沙沿街
2— 亲水台日景
3— 休憩广场
4— 平台沙滩
5— 休息空间日景
7— 临海栈道
8— 鸟瞰图

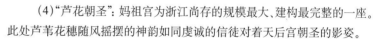

（4）"芦花朝圣"：妈祖宫为浙江尚存的规模最大、建构最完整的一座。此处芦苇花穗随风摇摆的神韵如同虔诚的信徒对着天后宫朝圣的影姿。

（5）"碧港松风"：现状的山林较为密集，视线不佳，通过架设高挑出林中的木栈道让游人可以眺望东沙港的美景。

（6）"渔坞道情"：现状的沿街建筑主要作为渔业生产用房，常有占道经营情况，通过对整体环境提升和改造杜绝脏污杂乱的景象。入口处布置锈板门头，体现现代感和工业特色，使空间更有多样性。

（7）"祭坛夕照"：祭海广场位于南清宫前，中轴对称的渔民广场两侧为坐凳树池，中间为一年一度开渔节祭典的祭海台。戏台位于南清宫旁的空地，为村民与游客增加丰富多彩的海岛文化节目。

（8）"亲子融春"：沿东港奥博休闲中心西侧针对亲子游设置一活动乐园，布置沙坑、草坪及游戏设施。鱼形风标张拉的彩色渔网和浮球充满了渔村特色。

（9）"踏海观日"：这里是洞头绝佳的日出观赏点，在此沿着错落的礁石布置观景栈道，游客既可感受惊涛拍岸之澎湃，亦可坐观海上日出之宁静。

（10）"守港听涛"：在整条滨海栈道游线中，布置几处休憩平台，供游客欣赏水天一色的海岛风光，倾听"龟蛇锁港"的古老传说。

每个时代的村落都是历史长河中最为直接、重要的历史文化载体，基于独特历史文化内涵的村落环境提升工程将有利于全域化景区的实施，扩大生态容量，推进旅游业的发展，是惠及民生的重大历史工程。

9- 沿街

10- 戏台夜景

11- 沙坑透视

12- 沿路

13- 渔业市场黄昏

14- 鸟瞰图

15- 礁石平台

16- 游客中心

17- 观景台

18- 礁石长廊（黄昏）

19- 村落建筑夜景

20- 运动场 - 白天

21- 游客中心

单│位│介│绍

单位名称： 杭州潘天寿环境艺术设计有限公司

通信地址： 浙江省杭州市下城区朝晖路 182 号国都发展大厦 1-50I

主页网址： http://www.hzpts.com

西安中建昆明澜庭

申报单位：西安中建投资开发有限公司、上海中建建筑设计院有限公司
申报项目名称：西安中建昆明澜庭
主创团队：于亚光、苏明、孟晶泉、冯平刚、唐亮、李会敏、赵婕、曲磊

1. 现状分析

（1）用地区位：该项目位于陕西省西安市沣东新城昆明十二路以南、沣东七路以东、沣东八路以西、昆明十六路以北。周边配套齐全，交通便利，地理位置优越。

（2）项目概况：中建昆明澜庭地处科技路西延伸段，镐京大道与镐京新城园区路交汇处，周边6500亩生态自然资源环绕，是由中建东孚以专业、专注之心构建的新中式风格城市作品。项目总占地面积270亩，用地性质为居住用地。地上总建筑面积35.9万平方米，容积率2.0，绿地率45%。项目分三个地块开发：

DK1占地97亩，规划为小高层和多层洋房；

DK2占地84亩，规划为小高层和多层洋房；

DK3占地88亩，容积率2.0，绿化率35%。总建筑面积16.74万平方米，其中地上面积11.8万平方米，规划为小高层、多层洋房、叠拼别墅、联排别墅；地下建筑面积4.9万平方米，为地下车库及设备间、储藏室，总车位数1153个。

2. 规划理念

以"景观、产品、人文"作为开发的核心要素，旨在打造独具人文特色的花园住区。创造独特的具有"低密度生态林地生活"特色的优雅林居环境，以中心溪谷环境为主，形成贯穿整个空间范围的绿化系统，真正实现每家每户门前"花园绿化"。

鉴于周围地块的业态成熟度日益提升，且地理位置较优越，该项目整体定位为"沣东新区居住板块核心区，具有良好外部社会资源和内部自然景观资源、视线开阔、内部环境优美、配套齐全的'景观舒适型'高尚人文社区"。

3. 规划目标

（1）为城市中坚的精英群体提供一个景观资源优越、环境优美、舒适便利，具有浓郁，人文氛围的生活空间，满足他们对高生活品质的追求和为家人提供更好生活环境的需求，营造一种高尚品味、健康的城市林居生活。

（2）凭借其完整和谐的规划格局，以及精心设计的建筑细节，该项目将成为片区内产品创新和品质突破的典范。

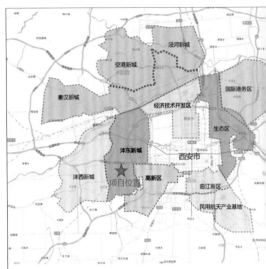

项目位于西安市西侧沣东新城南侧，沣东新城东南侧与高新区紧贴，北侧为经开区，东侧为西安西三环，沣西新城临西侧。

东新城：
新区沣东新城是西咸新区渭岸的重要组成部分，其东接市西三环，西接沣河东河岸，西汉高速。规划总面积3 km²。

4. 交通流线分析

小区交通组织严格遵循"人车分流"的原则。充分考虑地块周边的道路关系及车流、人流方向，避免对城市交通造成干扰。人流、车流在进入小区前提前分流，完全实现人车人流。

5. 景观环境分析

DK3项目结合西安传统文化及简洁现代的设计理念，打造新中式建筑风格。以"静街""花溪""深巷""五径""闲庭"五大园林组团为主，铺陈完美归家仪式感，区域内特有3m高台地式景观，彰显居者尊贵，于千年昆明池畔，呈现闲适的新中式湖居院落生活。

6. 户型设计

户型平面按照舒适、健康和环保的理念进行规划设计。

（1）动线设计：居住空间做到"动静分离、洁污分离、公私分离和干湿分离"。

（2）采光和通风设计：采用合理进深、大面宽户型设计，倡导明厨明卫设计，充分保障户型的采光和通风要求。

（3）功能和功能分区设计：保障户型在功能上的完整性，突出户型在入口玄关、洗晒衣空间、储藏空间等服务功能区的设置，提供各居住功能间使用的方便性和空间的使用效率。

（4）智能化社区：配备完善的视频监控系统、入户门禁等安保系统，采用先进成熟的综合布线技术，打造信息化、智能化社区。

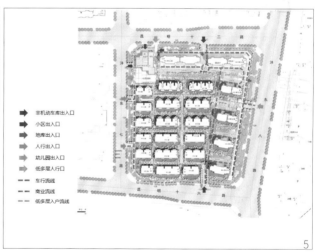

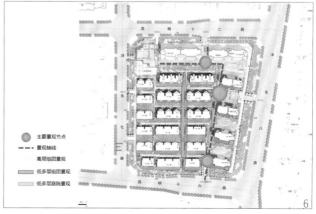

1— 区域分析图
2— 总平面图
3— 鸟瞰图
4— 沿街透视图
5— 道路系统分析图
6— 景观系统分析图

7— 水景效果图
8— 联排效果图
9— 洋房效果图
10、11— 高层住宅效果图
12— 联排户型图
13— 洋房户型图
14— 洋房立面图
15— 高层平面图
16— 高层立面图

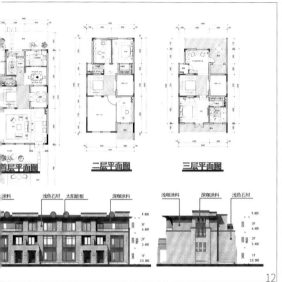

二层平面图　　三层平面图

涂料　浅色石材　太阳能板　深咖涂料　　浅咖涂料　深咖涂料　浅色石材

12

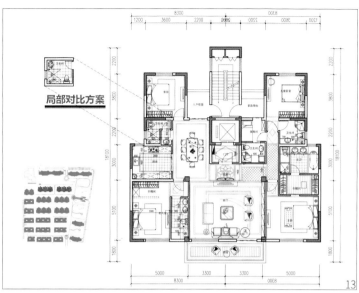

局部对比方案

13

洋房正立面图　　　　　　　洋房侧立面图

14

单 位 介 绍

建设单位名称：西安中建投资开发有限公司
通信地址：西安市科技路 33 号高新国际商务中心 28 层
主页网址：http://www.cscecdf.com

设计单位名称：上海中建建筑设计院有限公司
通信地址：上海市浦东新区东方路 989 号 中达广场 12 楼
主页网址：www.shzjy.com

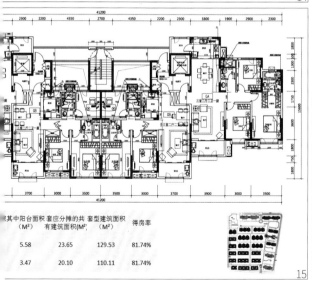

其中阳台面积(M²)	套应分摊的共有建筑面积(M²)	套型建筑面积(M²)	得房率
5.58	23.65	129.53	81.74%
3.47	20.10	110.11	81.74%

15

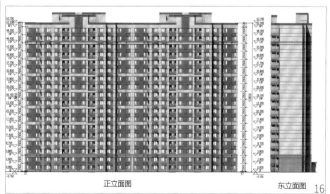

正立面图　　　　　　　东立面图

16

CAD总平面图

无锡西漳蚕种场旧址环境景观设计

申报单位：无锡乾晟景观设计有限公司
申报项目名称：无锡西漳蚕种场旧址环境景观设计
主创团队：周正明、刘淑君、顾洁、孙轲、徐怡婷

1. 地理位置、区位分析

无锡位于我国经济最发达、最具潜力的长江三角洲，太湖流域交通中枢，北倚长江，南临太湖，东接苏州，西连常州，中国最长人工运河——京杭大运河穿越而过，运河绝版地、江南水弄堂就位于无锡。据《无锡市丝绸工业志》记载，自泰伯奔吴教民栽桑养蚕，无锡地区养蚕缫丝已有 3200 多年历史，明清以来更兴盛于农村。20 世纪 20 年代，无锡有桑田 18.24 万亩，养蚕户数 14 多万户，为全部农户的 99.91%。茧行有 223 家，仅通运桥两岸就有 5 家茧库，储存干茧十余万担。"丝码头"美誉远播四方。

无锡西漳蚕种博物馆环境是以无锡西漳蚕种场为核心，拓展其周边地段建设而成，整体占地面积 23880 ㎡。

2. 周边环境

该项目西邻凤翔路，南靠西石路，北面接近沪蓉高速，无锡地铁一号线西漳站距离项目也近咫尺之遥，周边交通非常便利。

3. 项目定位

后工业景观——工业遗产的保护与再生性景观。

1— 功能分区图
2— 规划总平面图
3— 交通分析图
4— 景观设计总平面图
5— 入口效果图
6— 蚕园效果图
7— 水塔园夜景效果图
8— 总鸟瞰图

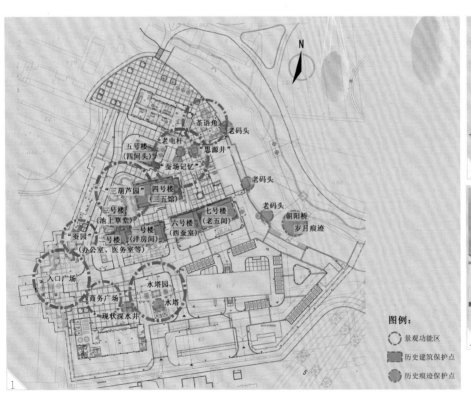

西漳蚕种场代表了近现代蚕桑发展的历史,也是近代民族工商业发展的一个缩影。

对西漳蚕种场的环境景观设计不仅要保留好原有的生产设施,保护好特定历史阶段的工商业变迁历史痕迹,还要发掘这一工业美学价值,并且使改造后的景观融入现代城市生活,服务于新的业态和功能需求。

4. 规划理念

历史与现代交融、传承与创新双赢、保护与开发并重。

5. 景观设计

(1) 总体设计

该项目设计主要分为蚕种馆园区内及滨河带两大部分,蚕种馆园区内的景观设计面积为16150 m²,滨河带景观设计面积为3450 m²,景观设计总面积为19600 m²。

在保护好场地内民国文保建筑的前提下,对蚕种馆的周边环境及滨河带的环境加以提升改造,打造既传承蚕场历史文化,又彰显现代品质的园区环境,体现当代对于历史的尊重和人文精神的传承。

(2) 具体设计

① 入口广场:采用对称设计的手法,主入口的门头以传统江南建筑门头为灵感来源,采用现代钢构材料进行诠释。清澈的水体映衬园区门头的倒影,粉墙上刻录着蚕种场的历史。传统与现代巧妙的融合,赋予这一承载着辉煌历史的场地以新的生命力。

② 水塔园:水塔作为蚕种场重要的生产基础设施和场地标志,具有重要的历史价值。整个水塔园以水塔这一工业遗产为核心,营造一处文化休闲园。对于水塔塔身予以保护,在塔身底部加以蚕丝状的装饰,强化其蚕文化的寓意。水塔周边增加钢构架门头、宣传廊、文化铺地等,以记载这一重要的历史标志物。

③ "蚕园":进入大门后,在一侧绿地内辟出一隅以"蚕"为主题的个性小园。小品均以竹木为主要材料,凉亭、竹门头、竹篱笆……处处透露着筑篱采菊的悠闲,细细诉说着当年蚕种馆的辉煌历史。

④ "三葫芦园"

经过翻阅大量史料和多次现场踏勘,重新修复"池上草堂"旁的"三葫芦池",并依据历史传说在池边重建"三葫芦亭",再现当年历史风貌,体味传统的江南园林风情。

(3) 夜景设计

蚕种场的夜景设计切合场地精神,突出蚕种博物馆深厚的历史文化底蕴。各类照明灯具都结合蚕种文化做定向设计。无论造型还是材质都体现出浓郁的蚕文化氛围。

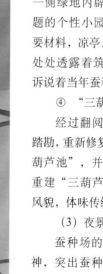

① 确保主干道的功能性照明，创造出井然有序并具有良好视觉诱导的效果。

② 用灯光烘托蚕种馆文化主题：结合蚕文化定制的茧状灯具凸显了项目的场地特性和文化主题。宁静幽然的灯光投射在古朴的建筑周围，似乎在细细诉说这段辉煌的历史。

③ 重要景观节点精心设计：精心设计主入口、"水塔园"、"蚕场记忆"等重要景观节点的灯光根据场地特殊的历史意义与氛围进行灯具布点与选型。

（4）植物设计

为体现蚕种博物馆深厚的历史文化底蕴，蚕种场的植物设计借鉴传统江南庭院的设计手法，又结合了民国时期蚕种场主人陆子容等一批留学国外的精英"西风东渐"思潮下的审美观念，以现代与传统相结合的手法突出场地环境特征。

① 植物设计理念：一方面，重视保留场地内长势较好的大乔木，以及拥有独特文脉价值的树种，如代表民国时期比较典型的洋务派树种棕榈、广玉兰等。另一方面，在"三葫芦园"等节点，以植物配置烘托蚕文化主题，种植桑树、朴树、榉树、桂花青枫等乡土树种，"清泉煮茶，闲话桑麻"。建筑周边以清爽的基础灌木篱栽植，烘托出建筑主题。

② 植物设计原则：尊重场地文脉，保留现状古树、大树、特色树；结合现代使用功能，补充基础栽植；增加节点色叶树、观花树栽植；突出重点，体现蚕桑文化特色。

该项目已于 2017 年 7 月正式开园运营。

9～17- 实景照片

单 | 位 | 介 | 绍

单位名称：无锡乾晟景观设计有限公司

通信地址：无锡市滨湖区鸿桥路 801 号 无锡现
代国际工业设计大厦 702

主页网址：www.wxqsjg.com

三亚·亚龙湾·星华万怡度假酒店

申报单位： 中元国际（海南）工程设计研究院有限公司
申报项目名称： 三亚·亚龙湾·星华万怡度假酒店
主创团队： 张新平、张渊、黎可、邢可、吴朋朋

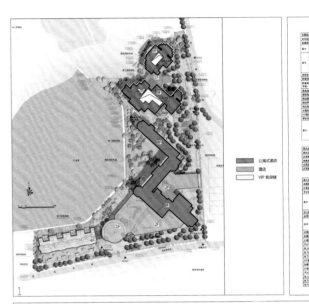

该项目位于三亚市亚龙湾国家旅游度假区，总用地面积为 36410.23m²。拟建建筑面积为 99595.30m²，容积率：1.51，绿地率：40.04%。

该项目共有三个建筑单体，分别为：酒店、公寓式酒店、VIP 客房楼。

1. 酒店部分

酒店位于公寓式酒店的南侧，为了拥有良好的景观视线，将客房塔楼做了 45°夹角旋转，呈"Z"字形布局。通过形体的转折获得富于变化的外部形态。同时在东西两侧划分出不同属性的外部空间，并且远离南侧的滨海东路，避免客房受到噪声的干扰。酒店分为两个主要入口，分别是位于南侧的团队、宴会入口，及位于东侧的大堂入口，其中东侧的大堂入口通过高差处理，抬高到酒店的二层，自东向西进入酒店大堂，形成了别具一格的入口空间形态。

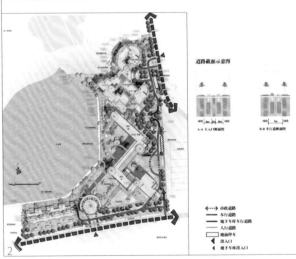

2. 公寓式酒店部分

公寓式酒店位于场地北侧，主入口位于建筑东侧。公寓式酒店分为北楼和南楼两栋塔楼，中间连接处为入口架空大厅。南楼及北楼的平面布局皆为半开敞式单边走廊的空间布局，通风采光条件优越。南北两栋塔楼均做了 45°转角的旋转处理，以获得更好的景观资源。

3.VIP 客房楼部分

VIP 客房楼位于酒店西侧，为独立的客房楼，顺应用地条件及景观朝向。北侧可看山看湖，南侧到了三层以上可以看到海。平面设计为四户独立的客房单元，每个单元为四层。地下室部分：三个单体的地下室管理相对独立，但有通道相连，可方便联系及管理。

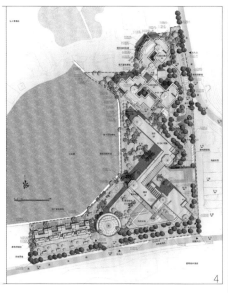

1— 功能分区图
2— 交通分析图
3— 景观分析图
4— 规划总平面图
5— 鸟瞰图
6— 立面图
7— 场地剖面图

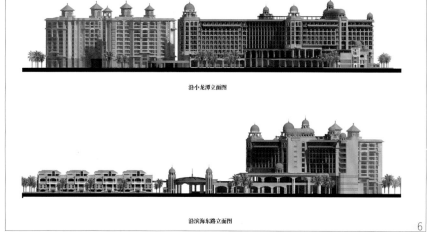

沿小龙潭立面图

沿滨海东路立面图

1-1场地剖面图

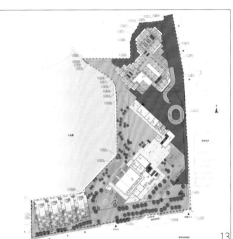

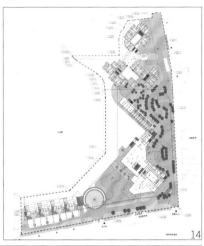

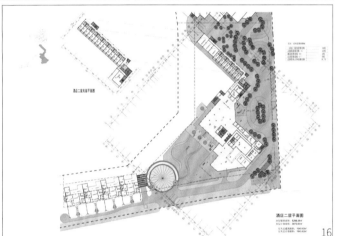

8– 酒店夜景效果图
9– 酒店入口效果图
10– 酒店泳池效果图
11– 公寓式酒店效果图
12–VIP 客房楼透视图
13– 一层组合平面图
14– 二层组合平面图
15– 酒店一层平面图
16– 酒店二层平面图
17–VIP 客房楼一层平面图

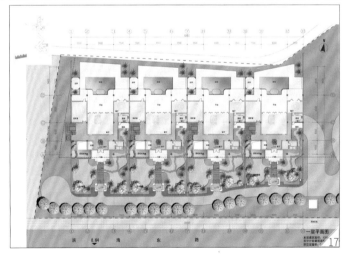

单｜位｜介｜绍

单位名称：中元国际（海南）工程设计研究院有限公司
通信地址：海南省海口市滨海大道 77 号中环国际广场 9 楼
主页网址：www.hipp.net.cn

阳新县王英镇东山村美丽乡村规划

申报单位：黄石市城乡规划建筑设计院有限公司
申报项目名称：阳新县王英镇东山村美丽乡村规划
主创团队：冯永政、刘若兰、江南、佘子昂、许本刚

美丽乡村建设是生态文明建设的重要组成部分，是建设美丽中国的重要组成部分。要实现美丽乡村的建设需要加快发展农村生态经济、改善农村生态环境、繁荣农村生态文化。美丽乡村建设的关键在于提升村民的幸福感和对自然生态的尊重，对乡村文化历史的尊重，对可持续发展的尊重。

该项目结合东山村特点，立足于造福村民，提升城镇品味，彰显城镇特色的思想，对东山村环境进行了详细的考察与分析，并提出以生态景观为手段，旅游资源为基础，服务村民为宗旨的美丽乡村规划设计。

东山村位于湖北省阳新县王英镇西南边沿，白马山下。距王英镇34km。东邻杉木村，南靠通山县慈口乡和黄沙镇，西邻钟泉村，北与法隆村相连，版图面积约10km²。规划以村庄实际为出发点，通过产业多元引导，由单一的以农业耕种为主到农业设施现代化、乡村旅游多元的发展策略，推进村组致富；公共设施分类配置，保障村民生活质量；改造村湾环境，提升村居形象，发展庭院经济打造生态人居，增加更多的景观和业态可能性。秉承可持续发展原则，通过关键要素整合，旨在打造生态与人文和谐、有机现代农业与乡村旅游业联动发展的美丽乡村，尽显乡村自然之美、文化之美、生产生活之美。

建筑方面：用钢筋混凝土为主要建筑结构材料，建筑形式采用传统江南民居形式，在主要形象展示范围内采用民居的群体建筑布局形式，屋顶采用坡屋顶，色彩采用传统的黑、白、灰等，建筑高低错落有致，立面丰富、细腻，突出山地村居特色。

管理方面：

（1）村民自治：农村集中居民点社区工程必须坚持政府管理、村民自治的原则，建立村民自建委员会，充分尊重农民意愿，对项目实施由村民自建委员会实行"一事一议"。

（2）建房管理：集中居民点规划范围内的公共建筑和自建房，必须由具有相应资质证书的单位进行设计，或者选用通用设计、标准设计，或参考本规划农房建设指引。农村集中居民点建设必须坚持按规划先修道路和排水沟，后建房屋。

（3）环卫维护：制定环境卫生管理标准、落实责任区的划分，坚持检查制度、奖罚制度以及家禽圈养、公共场所的管理等。坚持房前屋后实行三包（包清扫、包清运、包清净）责任制，定期进行检查评比，奖惩兑现。

（4）景观养护：定期进行公共绿地树木花草的种植、修整、养护和更换。

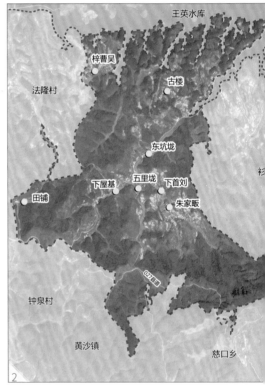

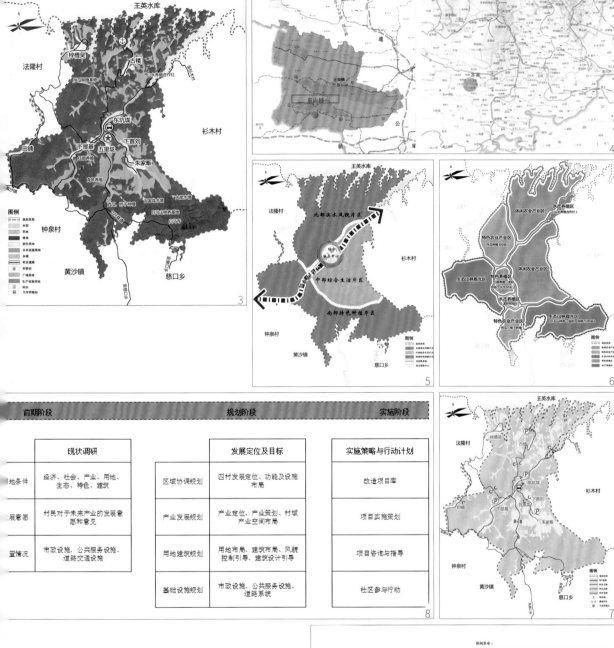

现状调研		发展定位及目标		实施策略与行动计划
地条件	经济、社会、产业、用地、生态、特色、建筑	区域协调规划	四村发展定位、功能及设施布局	改造项目库
展意愿	村民对于未来产业的发展意愿和意见	产业发展规划	产业定位、产业策划、村域产业空间布局	项目实施策划
宣情况	市政设施、公共服务设施、道路交通设施	用地建筑规划	用地布局、建筑布局、风貌控制引导、建筑设计引导	项目咨询与指导
		基础设施规划	市政设施、公共服务设施、道路系统	社区参与行动

前期阶段　　　规划阶段　　　实施阶段

1— 鸟瞰效果图

2— 场地认知图

3— 土地利用规划图

4— 区位认知图

5— 规划结构分析图

6— 村庄产业布局规划图

7— 道路系统分析图

8— 规划技术框架图

9— 田园改造意向图

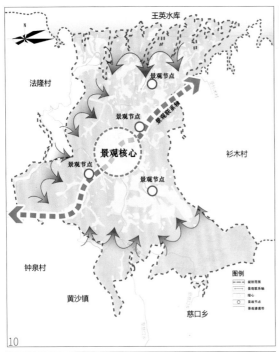

10

11

12

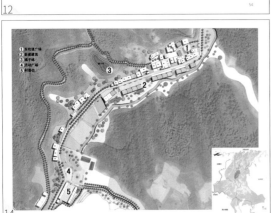

14

13

15

16

17 18

19

10- 景观分析图
11- 村庄绿化空间整治效果图
12- 村湾庭院改造意向图
13- 村庄主要道路整治后效果图
14- 核心区平面布局图
15、18- 村民活动广场效果图
16、17- 部分户型图
19- 新建村委会鸟瞰图

单 | 位 | 介 | 绍

单位名称：黄石市城乡规划建筑设计院有限公司
通信地址：湖北省黄石市团城山开发区杭州西路青龙大厦 10 楼
主页网址：http://www.hscxgh.com

四川省大卫建筑设计有限公司
刘卫兵

2013 年 中国民族建筑事业杰出贡献奖
2013 年 四川省首届蜀派古典建筑设计金奖
2015 年 联合国全球人居环境杰出贡献人士勋章
2015 年 中国建筑文化中心"2015 年建筑设计金拱奖"
2016 年 人居生态国际建筑规划设计方案竞赛"年度资深设计师"
2016 年 人居生态国际规划设计方案竞赛"建筑金奖"
2016 年 中国建筑文化中心"2016 年建筑设计金拱奖"

主要作品
"布后"川报文创综合体
康定印象
中国川西林盘保护与更新（花溪村、徐家大院、锦江林盘）
溪山美郡
成都国际兰花博览基地
小金县沃日土司官寨维修和复原
泸州职业技术学院学生活动中心
洪雅县文体中心
犍为县体育馆

近三年公司成功案例
"布后"川报文创综合体
洪雅县文体中心
犍为县体育馆
溪山美郡
康定印象
中国川西林盘保护与更新（花溪村、徐家大院、锦江林盘）
小金县沃日土司官寨维修和复原
西南财大金融文献中心
东辰永兴国际
杏林大观园
拉萨圣地财富广场
鸡鸣三省红色体验园
重庆丰盛生态文化旅游特色小镇
拉萨堆龙德庆区香雄美朵核心区景观道路游憩系统整体规划设计项目
青城院子
滨江华城三期
成都天马低碳汽车产业园
辑庆凤凰城
成都宝马 5S 店
陇城一号二、三期
茂县吉鱼村温泉酒店
吉峰全球运营总部
犍为县师范附属初级中学
以色列总领事馆项目
非洲安哥拉部长助理别墅

教授级高级工程师
四川省大卫建筑设计有限公司董事长、总建筑师
美国 DAVID 国际工程设计咨询公司董事长

主要社会、学术任兼职
中国建筑学会资深会员
中国文物保护基金会历史文化专家组成员
中国西南地区绿色建筑设计示范推广基地成员
联合国环境规划署可持续建筑与气候倡议组织成员
英国建筑科学院国际绿色建筑评估机构成员

教育背景
1988 年毕业于西南交通大学土木工程系

工作经历
1988 年 09 月—2000 年 09 月
成都市房屋建筑设计所建筑师
2000 年 10 月—2005 年 08 月
成都建材建筑设计所所长、总建筑师
2005 年 09 月—至今
四川省大卫建筑设计有限公司董事长、总建筑师
2013 年 10 月—至今
美国 DAVID 国际工程设计咨询公司董事长

个人荣誉
2010 年 中国民族建筑文化保护奖
2010 年 中国民族建筑文化传承奖
2012 年 联合国 2012 年全球人居环境规划设计奖
2012 年 中国建筑学会"全国人居经典方案竞赛规划金奖"
2013 年 中国建筑学会"全国人居经典方案竞赛建筑金奖"

〉》布后

项目业主：四川日报报业集团
建设地点：四川省成都市
建筑功能：文化建筑
用地面积：1000m²
建筑面积：3558m²
设计时间：2015 年
项目状态：在建

　　该项目位于成都市锦江区布后街 21 号（原为清代布政使司署后院），地处老城中央区，文化积淀深厚。曾是清道光年间的进士、四川布政使孙治的私宅，后为国民党元老、民革中央副主席熊克武的公馆，20 世纪 90 年代改建为三层框架和局部两层的川报食堂。

　　该项目为既有建筑的有机更新，将旧楼改造为传统与现代融合、产业与文化兼备的"创意、艺术、生活"空间，成为川报集团文创综合体的体验空间和示范窗口。

　　设计不因循潮流，而是深究场址历史文化内涵，在保留并丰富院落式布局的同时，别具创意地诠释本土建筑文化更新发展精髓。以蜀地文化精神为核心，全面打造一个有艺术品质、有市场价值、有传统意义的地标性项目。

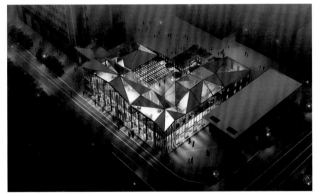

〉》成都国际兰花博览基地

项目业主：成都隆博投资有限公司
建设地点：四川省成都市温江区
建筑功能：公共建筑
用地面积：59920.92m²
建筑面积：51356.94m²
设计时间：2009 年
项目状态：待建

该项目是成都市政府以友庆村传统花卉种植为依托拟建的兰花产业基地，是生产、科研、科普和颐养等紧密结合的产业体系，同时作为第十九届国际兰花博览会的地标性建筑，起到区域名片的作用。

项目南临天乡路，东临杨柳河，分兰花技术服务中心、国际兰花乡村酒店及兰花工作室三部分。设计的难点是不同功能的建筑在同一文化表达下，显现各自不同的个性空间。

建筑师以体现传统兰花文化的意象美为要点，通过对"王者香"的解读，梳理建筑与川西林盘等环境要素的关系，用建筑造型呼应兰的人文内涵，形成俯仰流畅的幽兰般线型造型，虚实相生地将三大体量群相融合，并结合动态的场所体验形成连续的展示空间。建构的表皮选用金属和玻璃等建筑材料，体现硬朗挺括的现代感和质朴素洁的兰花特性，凸显了建筑文化传承与创新的主题，阐述了建筑与场所的整体精神。

〉》洪雅县文体中心

洪雅县地处四川盆地西南边缘，属眉山市管辖，卫浴成都、乐山、雅安三角地带，东接夹江县、峨眉山市，南靠汉源县、金口河区，西邻雅安雨城区、荥经县，北界名山县、丹棱县，距成都147公里、乐山55公里、眉山50公里、雅安62公里。

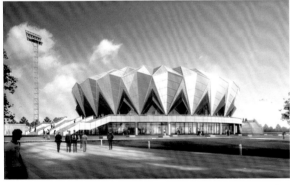

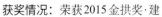

项目业主：洪雅县城乡规划局
建设地点：四川省洪雅县
建筑功能：住宅建筑
用地面积：66203m2
建筑面积：34420m2
设计时间：2015 年
项目状态：在建
获奖情况：荣获2015金拱奖·建
　　　　　筑设计金奖

北京中农富通城乡规划设计研究院
曾永生

主要作品

城市规划类：重庆百年同创居住区修建性详规、准旗和苑住宅区修建性详细规划、内蒙古准格尔旗大路新区东西区概念性城市设计、吉林国家高新技术产业开发区北部新区城市设计、内蒙古伊金霍洛旗概念性城市设计、广西百色田东县城核心区城市设计和控制性详细规划等十余项。

村镇规划设计类：北京市延庆县八达岭旧村改造A区详细规划、内蒙古多伦县多伦诺尔镇旧区详细规划、安徽省繁昌县新港镇新农村社区规划设计等20余项。

乡村规划及田园综合体规划设计类：广西玉林鹿塘生态乡村规划设计、乌审旗萨拉乌苏生态休闲养生农业园控制性详细规划、陕西秦都区华夏农业生态文化产业园总体规划、新疆昌吉州阜康市美丽乡村（国家农业公园）规划设计及美丽乡村发展建设规划、中国洛川苹果田园综合体总体规划等30余项

公司典型案例

武威市韩佐乡韩佐等4社区修建性详细规划
都江堰伊甸园生态休闲农业示范园概念规划
山东临沂都市农业休闲示范园详细规划（2014—2016年）
陕西沣西新城田园社区(小镇)及都市农业总体规划(2014—2020年)
饶阳县农产品加工物流园规划设计
山西中梁优质农产品批发市场详细规划
乌审旗萨拉乌苏生态休闲养生农业园控制性详细规划（2014—2020年）
陕西秦都区华夏农业生态文化产业园总体规划（2014—2025年）
山东省济宁市国家农业科技园区重点建设区详细规划
张家口市老鸦庄镇流平寺村庄概念规划
绵阳市农村综合改革发展试验区绵阳市丘区扶贫攻坚示范区总体规划（2015—2030年）
湖北省黄冈市黄州区陈策楼美丽乡村详细规划
河南省濮阳市引黄入冀工程沿线特色农业示范带总体规划
广西玉林鹿塘生态乡村规划设计
贵州省绥阳县风华镇牛心村柿子坪"四在农家·美丽乡村"规划设计
山西晋城阳城县现代农业科技示范园详细规划（2016—2020年）
陕西商洛秦岭生态示范园概念性总体规划（2015-2030年）
中国贵州·九曲螺江农业旅游产业区——遵义市绥阳现代农业旅游总体规划及核心区详细规划（2015—2020年）
中国永宁山地农旅循环经济产业园区详细规划
广东省台山中国农业公园总体概念规划
安徽黄山市屯溪区黎阳休闲小镇概念规划方案
黔南州都匀万马归槽国家农业公园总体概念性规划及兰博园详细规划
新疆昌吉州阜康市美丽乡村（国家农业公园）规划设计及美丽乡村发展建设规划
昌吉国家农业公园概念性总体规划

国家注册规划师

2002年7月
毕业于河北建筑工程大学城市规划专业
2002年7月—2003年7月
北京国建设计有限公司从事规划建筑设计工作
2003年7月—2015年9月
中国建筑设计院城镇规划院，总规划师，技术质量部主任
2015年9月至今
北京中农富通城乡规划设计研究院　总规划设计师

个人荣誉

获得省部级奖10余项，获得中国建筑设计研究院集团各年度奖项11项
2004年精瑞住宅科学技术奖住宅设计优秀奖
2005年度北京市第十二届优秀工程设计二等奖
2007年度北京市第十三届优秀工程设计二等奖、三等奖
2007年双节双优杯住宅方案竞赛金奖
2009年度第六届精瑞科学技术奖
2009年度北京市第十四届优秀工程设计三等奖
2009年度北京市第十四届优秀工程设计三等奖
2011年度全国优秀城乡规划设计奖（村镇规划类）一等奖
2013年度北京市优秀城乡规划设计 三等奖
北京市第十六届优秀工程设计二等奖
北京市第十七届优秀工程设计城乡规划设计综合奖三等奖
第五届（2016）中国环境艺术金奖
2016年中国建筑景观规划设计原创作品展—设计影响中国—规划设计一等奖
2016华夏建设科学技术奖三等奖

班家耕读小镇概念规划、总体规划及控制性详细规划
甘肃省兰州市皋兰县什川镇农村三产融合示范区概念规划
安徽阜南芦蒿小镇详细规划
清丰县引黄入冀补淀工程沿线汤泉小镇详细规划
贵州贵定金海雪山 中华农耕文化园概念性总体规划
中国洛川苹果田园综合体总体规划（2017—2020年）
唐山市丰南区"四位一体"总体规划（2017—2030年）

代表作介绍

项目委托方：陕西省延安市洛川县人民政府

项目规模：1330 hm²

规划时间：2017年

项目状态：在建

中国洛川苹果田园综合体位于陕西省延安市洛川县永乡镇，规划范围涉及五个行政村。

规划依托洛川苹果知名品牌，梳理田园经济，通过丘壑生态、乡村建设、形象塑造，建设田景共融的现代田园综合体，强化三产融合协调发展、农业农村统筹建设的多彩田园胜境。

总平面图

中景恒基投资集团股份有限公司

〉》项目一 四川眉山现代工业新城项目

2014 年 10 月 13 日，中景恒基投资集团中选成为眉山现代工业新城总部经济区（A）区 PPP 建设运营项目战略投资企业，为眉山项目提供投资保障、人才支撑、市场运作。该项目规划占地面积 8.2km²，首期 2.2km²，总投资不低于 150 亿元，总建筑面积不低于 200 万平方米，建设运营周期 12 年，致力打造成为"眉山城市副中心"。该项目已列入"四川省重点 PPP 项目库"、"国家财政部 PPP 项目库"。

〉》项目二　张家口市宣化区京张奥物流园区项目

　　2016 年 10 月，中景恒基投资集团与张家口市宣化区人民政府正式签署京张奥园区建设运营战略协议，中景恒基投资集团从产城融合角度，融入智慧园区理念，转变传统物流园发展思维，产业兴城，以城促产，打造专业特色的物流园区。京张奥园区占地约 14km²，预计总投资 100 亿元。

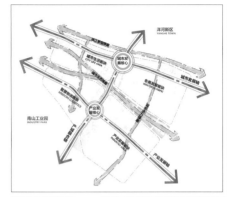

〉》项目三　连云港农业生态园项目

由集团倾力打造的"国家生态文化教育（江苏）基地"——连云港农业生态园项目，占地 11000 亩，预计投资 10 亿元。集团整合赣榆区特色农业产业资源，打造以提供高效农业品为主，休闲观光度假为辅，集高效、生态农产品种植，休闲度假，观光旅游，大中型会议，拓展培训等功能为一体的农业综合开发生态观光园，推动赣榆区农业"特色化、品牌化、智慧化"发展。

> 》项目四　江苏连云港项目

　　作为连云港市招商引资的龙头企业，在政府引进、项目合作、市场推进、风险共担的合作原则下，实施了凤祥铭居（建筑面积 60 万平方米，总投资预计 25 亿元）、农业产业园（农业科技、综合开发模式，总投资约 10 亿元）、商贸城（项目建筑面积 12 万平方米、总投资 5 亿元、每年产值 20 亿元）、4G 基站等项目。

单│位│介│绍

单位名称： 中景恒基投资集团股份有限公司
通信地址： 北京市丰台区南四环西路 186 号
　　　　　　汉威国际广场三期 6 号楼三层
微信公众号： chcic-83318888